LOGICAL THINKING

하루 한 권, 논리적 사고

후쿠자와 가즈요시 지음

이은혜 옮김

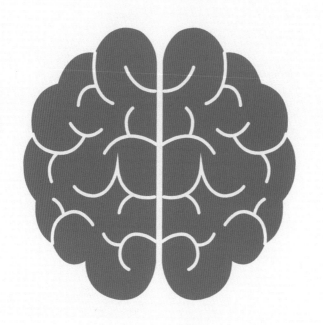

논증을 이해하고 오류를 줄이는 연습

후쿠자와 가즈요시

노스웨스턴대학교 대학원의 커뮤니케이션 장애학부 언어병리학과를 졸업했으며, 언어병리학 박사학위를 취득했다. 도쿄 노인 종합연구소(도쿄 건강장수 의료센터 연구소)의 재활의학부 언어청각 연구실을 거쳐 현재 와세다대학교 문학학술원 문학부 심리학 과정의 교수로 재직중이다. 전문 분야는 인지신경 심리학, 계산론적 신경과학이다. 주요 저서로는『議論の レッスン 논의 수업』·『論理表現のレッスン 논리 표현 수업』〈NHK生活人新書〉,『議論のルール 논의의 규칙』〈NHK ブックス〉,『クリティカル・リーディング 비판적 읽기』〈NHK 新書〉,『論理 的に説明する技術 논리적으로 설명하는 기술』·『論理的に読む技術 논리적으로 읽는 기술』〈SB ク リ エイティブ〉,『テキスト現代心理学入門 현대심리학 입문』〈川島書店〉,『神経文字学 – 読み 書きの神経科学 신경 문자학-읽고 쓰기의 신경과학』〈医学書院〉이 있다. 역서로는『議論の技法 논의의 기술』〈東京図書〉이 있다.

들어가며

이 책을 읽기 전에 먼저 다음에 제시한 사례부터 읽어 보자. 만약 당신이 비슷한 경험을 한 적 있다면 반드시 이 책을 읽어 보기를 추천한다.

사례 1

'저 사람이 하는 말은 갈피를 잡을 수가 없어서 도대체 무슨 말인지 모르겠네. 정리도 안 되고 처음부터 끝까지 앞뒤가 안 맞아' 회의나 미팅 자리에서는 이런 생각을 하면서 상대의 이야기를 비판적으로 평가하지만, 막상 "그럼 어떻게 해야 알기 쉽게 말할 수 있을까요?"라고 물으면 명쾌한 답을 내놓지 못한다.

사례 2

논의나 토론, 토의와 같이 여러 사람이 각자 다른 의견을 내는 상황에서 어느 의견이 서로 대립하는지, 또는 대립점은 무엇인지를 파악하고 정리하는 일이 어렵다.

사례 3

상대의 주장은 이해했지만 어떻게 그런 주장을 할 수 있는지는 이해하지 못할 때가 있다. 결국 내용은 차치하고 주장을 뒷받침하는 근거만 있으면 대충 이해하고 넘어간다. 하지만 나중에 머리를 식히고 다시 생각해 보면 역시 논의의 구성을 모르겠다.

'논리적 사고'에 대한 기초적인 이해와 훈련이 부족하면 이런 일이 발생할 수 있다. 하지만 단순히 그 이유 하나 때문만은 아니다. 우리가 '논리적 사고'에 관해 기본적으로 잘못 알고 있기 때문이기도 하다.

사례 1에서처럼 상대가 갈피를 잡을 수 없고 앞뒤가 맞지 않는 말을 하는 이유는 자신이 방금 한 말과 다음에 할 말 사이의 관계성을 생각하지 않았기 때문이다. 이 문제를 해결하려면 문장과 문장 사이의 관계를 분명하게 나타내는 접속사나 접속사구를 사용하면 된다. 논리에서 가장 중요한 기초는 문장과 문장의 의미적 연결이다. 논리적이라는 말은 문장과 문장의 의미관계를 꼼꼼하게 따진다는 말과 같다.

사례 2는 여러 사람의 의견에서 대립점을 파악하지 못하는 상황이다. 의견의 구조를 파악하지 못하는 이유는 본문에서 자세히 설명하겠지만, 간단히 말해 논증의 개념을 알지 못하기 때문이다. 논증이란 의견을 말할 때 근거(데이터)를 바탕으로 주장(결론)을 끌어내는 것을 의미한다. 상대의 이야기를 근거와 주장이라는 요소로 분류하면서 들으면 어떤 요소가 빠졌는지, 또는 어떤 요소가 대립하는지를 바로 알 수 있다. 문장과 문장의 연결과 마찬가지로 논증 또한 논리의 중요한 기초 부분이다. 논증을 이해하면 사례 3에서 제시한 문제도 해결할 수 있다.

이 책은 논리적 사고를 하기 위한 다양한 방법을 사례와 함께 알기 쉽게 설명했다. 이 책을 통해 논리적 사고가 무엇인지를 정확히 이해하고, 어설픈 말재주에 속지 않는 강인한 사고력을 키우기 바란다.

후쿠자와 가즈요시

목차

제8장 상관, 인과, 논증

제1장

논리적 사고에
대한 오해

> 먼저 이 책의 주제인 '논리'와 '논리적'이라는 개념의 의미를 생각해 보고,
> 그 과정을 통해 우리가 논리적 사고의 개념을 잘못 이해하고 있다는 점에
> 관해 살펴보자.

1-1   논리적 사고의 기초적 정의

책과 인터넷에서 논리적 사고란 무엇인지를 찾아보면 일반적으로 다음과 같이 설명하고 있다.

> 초지일관 이치에 맞는 사고방식/억지 주장을 하지 않는 것/조리 있게 생각하는 것/말이나 생각이 흔들리지 않는 것/직감적으로 생각하지 않는 것

물론 이 설명들도 분명 논리적 사고의 한 부분을 언급하고 있다. 그래서 이 설명만으로도 '논리적 사고란 무엇인지' 어렴풋이 알 것도 같다.

하지만 곰곰이 다시 생각해 보면 애당초 **어떻게 하면** 이치에 맞는 생각을 할 수 있는지, **어떻게 하면** 생각이 흔들리지 않을 수 있는지, **어떻게 하면** 조리 있게 생각할 수 있는지는 여전히 모른다. 이 설명만으로는 논리적 사고가 무엇인지 평생 알지 못할 것이다.

왜 그럴까? 그 이유는 간단하다. 이 설명들은 '논리적 사고'라는 개념이 있다는 전제하에 '논리적 사고를 했을 때 나타나는 결과'를 설명하고 있을 뿐,

논리적 사고 자체에 대한 설명은 아니기 때문이다.

여전히 어렵게 들리겠지만 뒤에서 바로 논리적 사고가 무엇인지 쉽게 설명할 테니 서두르지 말고 천천히 생각해 보자. 다시 말해 논리

적 사고를 했기 때문에 그 결과로 생각이 흔들리지 않고, 이치에 맞는 생각을 할 수 있으며, 조리 있게 말할 수 있는 것이다.

이런 종류의 설명이 이해하기 어려운 이유는 논리적이어야 할 내용이 구체적인 과정이나 처리를 거치지 않아서 지나치게 추상적이기 때문이다. 예를 들어 '초지일관 이치에 맞는'이라는 표현에서 애당초 '일관'이 구체적으로 무슨 의미인지 바로 이해되지 않는다. 이때 '일관이란 현재 시점에서 한 발언과 그다음 발언의 내용이 의미적으로 연결되어 있다는 것을 의미하며, 두 발언이 연상(聯想)이나 사실관계로 이어지지 않았다는 뜻이다'라고 정의해 주면 구체적인 예를 떠올릴 수 있다. 이처럼 논리적이라는 개념을 말의 일관성으로 바꿔서 설명하지 말고 단어와 단어, 문장과 문장 사이의 접속관계로서 설명해야 한다.

이쯤에서 잠시 미뤘던 '논리적 사고란 무엇인가'에 대해 이 책 나름의 정의를 내려 보자.

논리란 **단어와 단어, 구와 구, 문장과 문장의 관계성**을 뜻한다. 이들이 서로 어떤 관계를 맺고 있는지가 논리의 핵심이다. '논리적'이라는 말은 이들의 관계를 중심으로 생각한다는 뜻이다. 그리고 사고(생각)는 **어떤 전제에서 새로운 것이나 결론을 끌어내는 것**을 의미한다. 따라서 이 책에서는 논리적 사고의 기초적 정의를 다음과 같이 내린다.

① **어떤 전제에서 새로운 것이나 결론을 끌어낼 때**
② **단어와 단어, 구와 구, 문장과 문장의 관계를 중심으로 생각하는 것**

여기서 우리가 ①과 ②를 인식하는 순서에 대해 생각해 보자. 이 순서는 논리적 사고의 기초적 정의에는 포함되지 않지만 중요한 부분이다. 우리는 무언가를 생각(사고)할 때 머릿속에 떠오르는 단어, 구, 문장이나 그들의 상호관계를 처음부터 꼼꼼히 살피지는 않는다. 사실 다른 방법이 없기도 하고, 그저 떠오르는 대로 생각할 뿐이다. 이때 핵심은 일단 떠오르는 대로 생각한 후에 단어와 단어, 구와 구, 문장과 문장의 관계를 중심으로 처음 떠올렸던 생각을 다시 정리하는 것이다. 처음부터 논리적으로 생각하는 것이 아니라 일단 생각한 후에 논리적으로 다시 정리한다. 즉, **다시 한번 생각하면서 결국 논리적으로 생각하게 된다**는 말이다.

일단 떠올린 후에 다시 생각해야 명확한 논리가 세워진다.

이 순서에 따라 생각하는 것이 논리적 사고의 구체적인 과정이며, 이 과정을 거쳐야 비로소 '생각이 흔들리지 않고 초지일관 이치에 맞는 이야기'를 할 수 있다.

1-2 논리적 사고의 기초적 정의 ①-논증

논리적 사고의 기초적 정의 ①은 사고를 '어떤 전제에서 새로운 것을 끌어내는 것'으로 정의했다. 이는 사고(생각)에 대한 정의이면서 동시에 논증에 대한 정의이기도 하다. '논증이란 무엇인가?'에 대해서는 제3, 4장에서 자세히 살펴보도록 하고, 여기서는 일단 논증의 개요부터 정리하도록 하자.

논리적 사고의 기초적 정의 ①에서 말한 '전제'란 근거 또는 경험적 사실이라고도 하며, '새로운 것'은 결론이나 주장이라고도 한다. 사고(생각)라고 하면 막연하게 들리겠지만 사고라는 단어를 논증으로 바꾸면 사고(즉, 논증)의 구성 요인(근거·경험적 사실, 결론·주장)과 구성 요인 간의 관계를 검토할 수 있다. 나는

철저한 논증을 거치는 일은 깊게 사고하는 것과 같다

고 생각한다.

1-3 논리적 사고의 기초적 정의 ②-접속

논리적 사고의 기초적 정의 ②는 '단어와 단어, 구와 구, 문장과 문장의 관계를 중심으로 생각하는 것'이다. 원래 논리란 여러 주장 사이의 관계성을 생각할 때 등장하기 마련이다. 다시 말해

논리적이라는 말은
문장과 문장의 접속관계를 꼼꼼히 살피는 것

이라고도 할 수 있다. 만약 당신이 대표적인 접속표현인 접속사나 접속사구가 단지 국어의 문제일 뿐, 논리와는 상관없다고 생각한다면

이는 분명 잘못된 생각이다. 사실 '접속표현이야말로 논리 그 자체'라고 해도 과언이 아니다. 더 과감하게 이야기하자면 형식논리만 아니면 논리도 국어의 일부라고 볼 수 있다.

우리는 무언가를 쓰거나 말하기 시작할 때 일반적으로 먼저 떠오른 생각부터 꺼내기 시작한다. 이것이 매우 일반적인 사고의 시작 유형이지만, 생각나는 순서대로 써 내려간 글을 나중에 다시 보면 자신이 정말 쓰고 싶었던 내용이 아니었을 때가 있다. 그런데 이때 우리는 일반적으로 글의 내용에 대해서만 부족한 부분을 돌이켜 생각하고, 문장의 논리적 측면은 돌아보지 않는다. 다시 말해 **문장과 문장의 접속관계**를 꼼꼼히 살피지 않는다. 하지만 논리적인 글을 쓰려면 일단 쓴 내용을 다시 읽어 보고 문장과 문장 사이의 접속관계를 따지며 생각을 정리하고 재구성해야 한다.

또한 문장과 문장의 접속관계는 자신이 쓴 글이나 한 말에만 존재하는 것이 아니다. 누군가의 발언을 듣고 그 사람에게 질문을 할 때도 고려해야 한다. 또한 상대의 의견에 찬성하거나 반대할 때, 무언가를 설명, 해설, 기술할 때도 접속관계가 존재한다. 이런 모든 상황에서 문장과 문장의 접속관계를 명확하게 정리해야 논리적일 수 있다.

1-4-1 상처와 상처 자국의 차이

과학철학자 노우드 러셀 핸슨(Norwood Russell Hanson)은 언어 사용법에 관해 이런 지적을 했다(Hanson, 1985). 예를 들어 접시에 상처 자국이 생겼을 때 왜 상처가 생겼는지는 몰라도 그것이 상처 자국이라는 사실은 누구나 이견 없이 인정한다. 책상 위든, 자동차 문이든, 아니면 몸 어딘가에 생겼든 상처 자국은 상처 자국이라고 바로 말할 수 있다. 즉, '상처 자국'이라는 말은 시각과 지각으로 확인만 하면 아무 문제 없이 사용할 수 있는 단어다. 이처럼 **직접 관찰할 수 있는 대상이나 성질을 표현하는 단어**를 관찰언어(observation language)라고 한다.

그렇다면 '상처' 또는 '상처를 입히다'는 어떨까? '상처'와 '상처 자국'은 같은 맥락에서 쓸 수 있다. 때로는 두 단어를 바꿔서 쓸 수도 있다. '상처가 눈에 띈다'라는 표현은 '상처 자국이 눈에 띈다'라고 바꿔도 별문제가 되지 않는다. 그런 의미에서는 두 단어에 차이가 없다고 생각할 수도 있지만, 사실 '상처'와 '상처 자국'은 전혀 다른 세계에 속한 단어다.

예를 들어 외과 의사가 환자를 수술하는 상황을 두고 '외과 의사가 환자에게 상처를 입혔다'라고 말할 수 있을까? 외과 의사가 수술 중에 실수로 수술 도구를 환자의 배에 떨어뜨려서 신체 일부가 잘렸을 때는 어떨까? 그런 경우에는 '의사가 환자의 배에 상처를 입혔다'라고 말할 수 있을까?

다른 예로 고무 농장에서 일하는 사람이 고무나무에 비스듬하게 홈을 파서 수액을 채취하는 행위를 보고 '고무 농장에서 일하는 사람이 고무나무에 상처를 입혔다'라고 말할 수 있을까? 목수가 톱으로 목재를 자를 때는 어떨까? 목수가 목재에 상처를 입혔다고 표현할 수 있을까?

방금 든 사례 중에 '상처를 입혔다'라는 표현이 자연스러운 상황은 무엇일까? 사실 '상처'라는 단어가 적절하게 쓰였는지를 판단하는 문제는 그리 쉽지 않다. '상처'라는 단어의 의미를 정의하는 일 자체가 쉽지 않고, 또한 단어의 의미는 사용하는 사람의 **논리적 사고방식에 따라 달라지기 때문**이다.

예컨대 핸슨이 언급한 사례를 두고 누군가는 이렇게 말할 수도 있다.

> "사람의 생명을 지키는 행위로서의 수술은 상처를 입히는 일 이 아니다. 하지만 실수로 환자의 배에 수술 도구를 떨어뜨려 출혈을 일으켰다면 그것은 결과적으로 상처를 입힌 것이다."

또 고무 농장에서 일하는 사람은 이렇게 말하지 않을까?

> "고무나무에 상처를 입혔다니, 말도 안 됩니다. 수액을 채취하 고 어느 정도 시간이 지나면 홈은 메워져서 원래대로 돌아옵 니다. 고무나무의 생명을 위협하는 일이 아닙니다. 저는 결코 나무에 상처를 입히지 않습니다."

이 사람의 말에 이렇게 반론하는 생명과학자가 있을지도 모른다.

> "고무나무에 홈을 파는 행위는 상처를 입히는 행위가 맞다. 고 무나무의 생명을 위협하는 일이다."

어느 쪽이 옳은 생각인지 바로 결론을 내릴 수 있는 문제가 아니다.

이와 관련해서 핸슨은 '상처'라는 단어가 쓰이는 다양한 문맥을 조사했다. 그 결과 생명 유지에 영향을 미치는 행위에는 '상처'라는 단어가 쓰인다고 발표했다. 하지만 핸슨의 발표를 고려해도 고무 농장에서 일하는 사람의 생각과 생명과학자의 생각 중 어느 쪽이 옳은지에 대한 결론은 여전히 내릴 수 없다. 왜 그럴까?

여기에는 더 어려운 문제가 얽혀 있다. 특정 행위가 상처를 입히는 행동인지 아닌지를 정하려면 '생명이란 무엇인가? 생명 유지란 어떤 것인가?'에 대한 이론적 생각부터 검토해야 한다. 그 부분을 명확히 정의해야 비로소 '상처'라는 단어를 올바른 문맥에서 사용할 수 있다.

'생명이란 무엇인가?'라는 질문은 의학뿐만 아니라 철학이나 생명윤리적인 문제와도 관련이 있다. 흔히 드는 예로 '뇌사'라는 어려운 문제가 있다. '무엇을 보고 사망으로 판단할 것인가?'를 생각하려면 반대로 '살아 있다'는 것은 어떤 것인지를 생각해 봐야 한다. 지금까지의 설명으로 생명이 무엇인지에 대한 이론적 정의를 쉽게 내릴 수 없다는 점에는 모두가 동감할 것이다. '상처'는 이처럼 심오한 배경을 가진 단어다.

마찬가지로 심리학 용어인 '학습하다', '인지하다', '기억하다'도 관찰을 통해 직접적으로 확인할 수 없다. 이와 같은 대상을 이론적 대상이라고 하며, 이론적 대상을 나타내는 언어를 이론언어(theory language)라고 한다. '어떤 대상을 설명할 때 사용하는 언어', '이론적인 책임을 진 언어'라고도 할 수 있다. 또한 **사용하는 범위와 조건을 명시해야만 사용할 수 있는 언어**라고 정의하기도 한다.

지금까지 '상처 자국'과 '상처'의 차이를 중심으로 설명했는데, 사실 '상처'는 이론언어다. "손에 상처 자국이 있는데 무슨 일 있었어?" 누군가 이렇게 물어서 "넘어졌을 때 다쳤어"라고 대답했다면 이때는 '상처' 입은 일을 가지고 '상처 자국'을 '설명'한 셈이다. 다시 말해 '상처 자국'은 다른 말로 설명해야 하는 언어인 반면, '상처'는 설명할 때 사용하는 언어, 즉 이론언어다. 따라서 '상처'라는 단어를 적절하게 사용하려면 생명 현상이나 생명 유지에 대한 이론적인 배경까지 고려해야 한다. 앞에서 '상처'의 사용법을 쉽게 정의할 수 없었던 이유가 여기에 있다.

1-4-2 무심코 사용하는 이론언어

논의나 토론, 또는 의견문을 작성할 때는 관찰언어를 사용해도 문제가 되지 않는다. 지각에 직접 전달되는 대상을 가리키는 단어를 사용하면 문제 될 일이 없다. 문제는 이론언어를 사용할 때 발생한다. 우리는 평소에 생각하거나(논증하거나) 말을 할 때 무의식적으로 이론언어를 사용하는데, 이때 문제가 생기기도 한다. 다음의 대화를 살펴보자.

> **선생님**: 지난번 시험 성적이 별로 안 좋았구나. 노력하지 않으면 성적은 오르지 않아.
>
> **학 생**: 저도 알아요. 저 나름대로 노력하고 있어요. 시험 전에는 하루에 8시간씩 공부했는걸요. 단지 아직 결과로 이어지지 않았을 뿐이에요.
>
> **선생님**: 정말 그럴까? 노력하는 것처럼 보이지 않는걸. 보렴, 성적이 오르지 않았잖아.

두 사람의 대화는 어딘가 어긋나 있다. 선생님은 학생에게 노력이 부족하다고 말하고, 학생은 충분히 노력하고 있다고 주장한다. 이 대화에서 사용 범위와 조건을 반드시 명시해야 하는 단어(이론언어)는 '노력'이다. '노력'은 추상적인 개념이며 직접 관찰할 수 없다. 이론적인 책임을 지고 있는 '노력'이라는 언어로 성적이라는 사실을 설명하고 있으니 '노력'은 분명 이론언어다.

대화에서 선생님이 생각하는 노력은 시험 준비에 투자한 시간이 아니다. 선생님은 성적 향상과 같이 수치(점수)로 나타나는 결과만을 '노력의 성과'로 본다. 반면 학생이 생각하는 노력은 수치로 나타나는 결과가 아니다. 학생에게는 시간을 들여서 시험 준비를 하는 것 자체가 노력이다.

두 사람이 사용 범위와 조건을 명시하지 않은 채로 '노력'이라는 이론언어를 사용하는 한, 이 대화는 바로잡을 수 없다. 두 사람이 '노력'이라는 이론언어를 어떤 범위와 조건에서 사용할지 합의하지 않으면 대화는 계속해서 어긋나기만 할 것이다.

이 부분에서 내가 강조하고 싶은 점은 '노력'이라는 단어를 사용하는 두 사람의 방식 중에 어느 쪽이 좋고, 어느 쪽이 나쁘다는 것이 아니다. 사용 방식을 합의하지 않았기 때문에 상황이 악화되고 있다는 점이다.

그리고 또 한 가지, '상처'나 '노력'이 이론언어라는 사실에서 알 수 있듯이 **어려워 보인다고 해서 다 이론언어는 아니다.** 오히려 '상처'나 '노력'과 같이 평소에 아무렇지도 않게 사용하는 쉬운 단어가 이론언어일 때가 더 많다.

✎ 연습문제 1-1

다음 글에서 이론언어를 찾아 표시해 보자.

아이가 그린 그림을 어른이 평가하는 일은 어렵다. 아이가 그린 그림에는 아이의 시선을 통해 보는 세상이 표현되어 있다. 이런저런 선입관을 가진 어른이 아이의 그림을 평가하면 아무래도 공평한 평가가 나오기 어렵다. 아이가 그린 그림을 평가하려면 단순히 아이의 표면적인 일상생활을 관찰하는 것만으로는 부족하다. 그들의 마음을 이해하려면 항상 마음의 눈으로 봐야 한다. 마음의 눈을 통해 봐야 비로소 아이의 그림 세계로 들어갈 수 있다.

☑ 연습문제 1-1의 해답

이 문제에서 '사용 범위와 조건을 명시해야 하는 언어인 이론언어'를 찾아보자. 참고로 실제 어떤 표현을 이론언어로 볼지는 발언하는 사람이 결정하기 때문에 여기서 제시한 답이 반드시 정답은 아니다.

이론언어

그림의 평가/아이의 시선/선입관을 가진 어른/공평한 평가/아이의 마음을 이해/마음의 눈/아이의 그림 세계

제2장

주장과 주장의 연결

제1장에서 논리란 단어와 단어, 구와 구, 문장과 문장의 관계성을 의미하며, 논리적이라는 말은 이들의 관계를 중심으로 생각하는 것이라고 설명했다. 여기서 말하는 관계성에 직접적으로 영향을 미치는 요소가 '접속표현'이다. 제2장에서는 접속사와 접속사에 속하지 않는 접속사구까지 포함해 넓은 의미에서 접속표현을 살펴보자.

모호한 접속표현

접속표현에 대해 생각하기 전에 먼저 다음의 대화를 살펴보자.

> **학생 1**: 메일을 여러 번 보냈는데 답장이 오지 않았을 때 제대로 전달되
> 지 않았나 싶어서 몇 번이나 같은 메일을 보낸 적 없어?
> **학생 2**: 그래? 나는 **거꾸로** 상대가 무시하는 건가 싶어서 더는 메일을
> 보내지 않아.

나는 예전부터 학생 2가 사용한 '거꾸로'라는 표현이 늘 마음에 걸렸다. '거꾸로'는 부사이며 서로 다른 여러 가지 대상이 있을 때 그들의 관계성을 나타내기 위해 사용하는 단어다. 회의 중에도 '거꾸로'라는 표현을 자주 쓴다. 보통은 '반대로'라는 의미로 사용하는데, 학생 2는 학생 1의 발언 중 어느 부분에 대해 반대라고 말한 걸까?

학생 2가 하고 싶었던 말은 '상대에게 답장이 오지 않으면 메일이 제대로 전달되지 않았는지를 걱정할 때가 아니다. 자신이 무시당하고 있다고 생각해야 한다. 따라서 상대와의 인간관계를 걱정해라'였을 것이다. 그렇다면 한 사람은 메일이 잘 전달되었는지라는 통신상의 문제를 걱정하고, 다른 한 사람은 상대와의 인간관계를 걱정하고 있다는 말이다. 따라서 이때 학생 2는 학생 1이 한 말의 어떤 부분에 대해서도 '반대'의 의견을 말할 수 없다.

이 예는 발언 전후의 의미관계를 고려하지 않은 채, 여러 내용을 이어 주는 접속표현을 느낌에 따라 모호하게 사용한 상황을 보여 준다. 하지만 명확한 의미를 동반하지 않더라도 대충 적당히 집어넣어

야 다음 말이 나올 때가 있다. 그래서 우리는 '거꾸로'라는 단어를 자주 사용한다.

제2장에서는 모호하고 감각적으로 쓰기 쉬운 접속표현을 정확하게 사용하자는 제안과 함께

접속표현을 정확하게 사용하면
논리적 사고의 근간이 된다

는 주장에 관해서도 생각해 보자.

2-2 접속표현 다시 공부하기

논리적으로 논의하거나 대화하고 토론이나 질의응답 내용을 이해하는 일은, 다시 말해 그 과정에서 나오는 여러 주장 사이의 관계를 파악하는 일이라고 할 수 있다. 문장을 이해할 때도 마찬가지다. 핵심은 접속표현(접속사나 접속사구)이다. '뭐? 이 나이에 접속표현을 다시 공부하라고? 그런 건 초등학교 때 다 배웠다고!' 분명 이렇게 생각하는 독자도 있겠지만 초심으로 돌아가서 대화에 사용하는 접속표현을 다시 한번 정리해 보자.

주장과 주장의 관계성을 논리라고 했을 때 관계성을 어떻게 유지해야 논리적이라고 할 수 있을까? 또한 초지일관 이치에 맞는 이야기는 어떻게 하는 걸까? 어떻게 하면 초지일관 모순 없는 말을 할 수

있을까를 다음의 대화를 보면서 구체적으로 생각해 보자.

① **평론가 A**: 포퓰리스트는 반(反)엘리트를 표방하는 정치가를 말합니다.
② **평론가 B**: 즉, 포퓰리스트는 엘리트와 가치관을 공유하지 않으면서 비(非)엘리트 층의 뜻을 대변하는 정치가군요.
③ **평론가 C**: 그렇습니다. 심지어 포퓰리스트는 특권계층(establishment) 의 네트워크를 이용하며, 그들의 뜻에 따르는 정책을 추진 합니다.
④ **평론가 B**: 하지만 포퓰리스트가 적대시하는 상대는 정치적 흐름 속 에서 인적 네트워크나 자금을 확보한 사람들입니다.
⑤ **평론가 A**: 그래서 기존 엘리트가 일반 대중을 대표하지 못한다는 사실 과 엘리트가 부패했다는 사실을 강조하는 사람이 포퓰리스 트입니다.

세 평론가의 대화는 어딘지 알 것 같기도 하고, 모를 것 같기도 한 모호함이 느껴진다. 만약 이 대화를 읽고 어색함을 느끼지 못했다면 당신은 당장 '논리치료'를 받아야 한다. 그 이유를 지금부터 차근차 근 짚어 보자. 구체적으로 '각 평론가의 발언 내용과 그 방향성', 그 리고 '발언 사이의 관계성'이라는 두 가지 관점을 검토해 보자.

2-2-1 발언 내용의 방향성

우선 평론가들이 한 발언 내용을 보자. 이때 발언의 방향성을 화살 표로 표시하면 이해하기 쉬워진다. 사고방식이 같거나 의미가 같은 방향인 발언에 같은 화살표를 표시하면 된다. 앞 대화의 방향은 다음 과 같다.

① 평론가 A: →

② 평론가 B: →

③ 평론가 C: ←

④ 평론가 B: →

⑤ 평론가 A: →

　평론가 A가 한 ①과 ⑤의 발언 내용은 기본적으로 같다. 둘 다 '포퓰리스트는 반(反)엘리트'라고 말했고, 이것이 평론가 A가 이 대화에서 가장 하고 싶은 주장이자, 내리고 싶은 결론이다. 평론가 A는 대화의 시작과 끝에 하고 싶은 말을 반복해서 자신의 주장과 결론을 강조했다.

　①, ⑤와 같은 방향인 ②, ④는 ①, ⑤에서 표명한 평론가 A의 주장과 결론을 지지하면서 '포퓰리스트는 반(反)엘리트'라는 주장을 구체적으로 설명하고 있다. ④에서 말하는 '정치적 흐름 속에서 인적 네트워크나 자금을 확보한 사람들'이 바로, 엘리트다.

　한편 평론가 C가 한 발언 ③은 무슨 말일까? 논지는 '포퓰리스트는 특권계층의 뜻을 따른다'는 것이다. 하지만 '특권계층'이란 지배계급을 뜻하기 때문에 이 문맥에서는 '엘리트'와 같은 의미다. 따라서 ③은 '포퓰리스트는 친(親)엘리트'라고 주장하고 있으며, 이는 평론가 A의 주장과는 정반대다.

　이렇게 평론가들의 발언 내용을 정리하니 대화 전체의 구조가 보인다. 여기서 주의할 점은 각각의 발언이 상대의 발언 내용이나 전술한 자신의 생각과

같은 방향인지 다른 방향인지를
분명하게 전달해야 한다

는 점이다. 그런 의미에서 보면 발언 ③에는 문제가 있다. 그리고 문제의 원인은 접속표현이다. 이와 관련해 2-2-2에서 좀 더 자세히 살펴보자.

2-2-2 발언 사이의 관계성과 접속표현

평론가들의 대화를 발언 내용의 관계성이라는 관점에서 다시 보자.

평론가 B의 발언 ②는 평론가 A의 발언 ①을 받아 ①을 다른 말로 바꿔서 표현했다. 그래서 다른 말로 바꿀 때 사용하는 가장 적절한 접속표현인 '즉'으로 말을 시작했다.

그런데 발언 ①, ②에 이은 발언 ③은 '**심지어**'리는 표현으로 시작했다. 그래서 ①, ②의 주장을 강조하는 내용이라고 예상하게 된다. 하지만 실제로는 ①, ②의 발언과 반대의 내용이었다. ③에는 '심지어'라는 접속표현이 부적절하다. '하지만'과 같은 역접의 접속표현으로 시작했어야 한다.

④는 '**하지만**'으로 시작했다. ③의 발언에 대해 '그렇지 않다'라는 의미를 표현했으니 이 표현은 적절하다. 그리고 마지막 ⑤도 ④의 발언에서 도출된 내용을 이야기했기 때문에 '**그래서**'가 적절하다.

세 사람의 대화에서 취지만 뽑아서 정리하면 다음과 같다. 이렇게 보면 ③에 '심지어'라는 표현을 쓴 것이 어색하다는 사실을 한눈에 알 수 있다.

① **평론가 A**: 포퓰리스트는 반(反)엘리트다.

② **평론가 B**: 즉, 포퓰리스트는 반(反)엘리트다.

③ **평론가 C**: 심지어 포퓰리스트는 친(親)엘리트다.

④ **평론가 B**: 하지만 포퓰리스트는 반(反)엘리트다.

⑤ **평론가 A**: 그래서 포퓰리스트는 반(反)엘리트다.

이처럼 접속표현은 이야기를 논리적으로 이어 갈 때 중요한 역할을 담당한다. 발언의 의미를 정확히 파악하고

다른 발언과의 관계를 적절하게 나타내는 접속표현을 사용해 이어 나가야만 논리적으로 이치에 맞는 이야기가 된다.

어렵고 전문적인 단어를 써야 논리적인 것이 아니다. 또한 쉬운 단어를 주고받는다고 해서 논리적이지 않은 것도 아니다. 논리적이고 아니고는 단어의 난이도와 전혀 상관이 없다. 그보다는 적절한 접속표현의 사용이 더 중요하다.

앞에서 평론가들의 대화를 듣고 어색함을 느끼지 못한 사람은 논리치료를 받아야 한다고 말했다. 이는 대화를 주고받을 때 적절한 접속표현을 쓰고 있는지는 조금만 주의해서 들으면 금방 알 수 있기 때문이다.

접속표현(접속사, 접속사구)

앞에서 설명한 순접, 역접의 접속사를 포함해서 어떤 표현의 접속사들이 있는지 정리해 보자.

2-3-1 순접의 접속표현:
이야기의 내용과 흐름을 바꾸지 않는다

♣ 부가적 접속표현: 앞 문장에 이어 새로운 정보를 추가한다

앞선 발언의 방향을 바꾸지 않고 정보를 추가할 때는 '그리고, 게다가, 오히려'와 같은 접속표현을 사용한다. 이 중에서 '그리고'로 표현하는 접속관계가 가장 관계성이 약하다.

'게다가'에는 '거기에 더해서'라는 뉘앙스가 들어 있다. '이 문제는 어렵다. **게다가** 길다'와 같은 예문이 여기에 해당한다. '어렵다'는 주장에 '길다'라는 정보가 더해지면 길어서 더 어렵다는 의미가 되어 '어렵다'는 주장이 강조된다.

다음의 예문을 통해 '그리고'와 '게다가'를 비교해 보자.

예문 1

이 문제는 어렵다. **그리고** 길다. 그래서 풀려면 시간이 걸릴 것 같다.

이 예문에서는 '어렵다'와 '길다'가 합쳐져서 '풀려면 시간이 걸릴 것 같다'라는 결론을 끌어냈다.

예문 2

이 문제는 어렵다. **게다가** 길다. 그래서 풀려면 시간이 걸릴 것 같다.

이 예문에서도 마찬가지로 '어렵다'와 '길다'가 '시간이 걸린다'라는 결론의 근거가 된다. 다만 '그리고'보다 근거가 더 설득력 있게 느껴진다. '안 그래도 어려운데 거기에 더해 길기까지 해서 꽤 시간이 걸릴 것 같다'라는 뉘앙스가 생긴다.

또한 '그리고'와 '오히려'의 차이에도 주의해야 한다. '오히려'는 다수의 선택지가 존재하는 상황에서 사용한다. 대부분 처음에 부정적인 주장을 제시하고 뒤에 긍정적인 주장이 첨가된다. '참깨경단은 간식이 아니다. 오히려 주식이다'와 같은 예문이 여기에 해당한다. '간식이 아니다'라는 부정적인 주장을 먼저 한 뒤에 그 주장에 대한 새로운 주장을 '오히려'라는 접속표현과 함께 제시했다. 이때 새로운 주장은 애피타이저, 주식, 반찬, 디저트와 같은 선택지 중에서 고를 수 있다.

♣ 귀결적 접속표현: 어떤 전제를 결론으로 귀결시킨다

특정 전제를 결론으로 귀결시키려면 '**그래서, 왜냐하면, 그 이유로는, 따라서, 그러므로, ~라는 것도**' 등의 접속표현을 써야 한다. 예를 들면 '최근 계속 양식을 먹었다. 그래서 오늘은 한식을 먹자', '이 방에 누군가가 침입한 것 같다. 왜냐하면 바닥에 흙 묻은 발자국이 남아 있다'와 같이 사용할 수 있다.

이때 '~해서', '~때문에'와 같은 표현은 특히 주의해야 한다. '하늘을 보니 비가 올 것 같아서 우산을 가지고 갑니다'라는 문장이 있다고 하자. 이 문장도 역시 '~해서'의 앞부분이 결론을 끌어내는 근거지만, 혼자서 단독으로 쓰이는 '그래서'에 비하면 근거라는 사실을 인식하지 못할 때가 많다. 이때 문장의 의미를 명확하게 전달하거나 이해시키고 싶다면 '하늘을 보니 비가 올 것 같습니다. 그래서 우산을 가지고 갑니다'라고 바꾸면 된다.

♣ 예시적 접속표현: 구체적인 예를 보여 준다

순접의 접속표현에는 이 밖에도 구체적인 예를 보여 줄 때 쓰는 '예를 들면'이 있다. '연구 계획을 제출할 때는 관련 분야의 논문을 많이 읽어 봐야 합니다. 예를 들면 심리학, 뇌과학, 물리학, 신경학 등이 있습니다'와 같이 사용한다. 이때 '관련 분야'의 구체적인 예를 '예를 들면'의 뒤에 열거한다.

그렇다면 '그는 부인을 열심히 돕습니다. 예를 들면 저녁밥은 매일 그가 만듭니다'라는 문장은 어떨까? '저녁밥은 매일 그가 만듭니다'는 '부인을 열심히 돕는다'에 관한 구체적인 예다. 하지만 그뿐만 아니라 그가 '열심히' 하고 있다는 점도 뒷받침한다. 다시 말해 '그는 매일 저녁밥을 만듭니다. 따라서 그는 부인을 열심히 돕고 있습니다'라는 논증도 된다.

2-3-2 역접의 접속표현:
이야기의 내용과 흐름을 바꾼다

앞서 한 말의 내용과 흐름을 바꿀 때 역접의 접속표현을 사용한다. 따라서 역접의 접속표현 앞뒤에 있는 주장은 서로 다른 방향을 향한다. 또한 역접의 접속표현은 그 방향이 원래의 흐름과 얼마나 다른지,

지금까지의 흐름을 얼마나 포함하면서 다른 흐름을 만드는지와 같이 다양한 역접관계를 표현해야 한다.

♣ 그러나, 하지만, 다만

처음에 한 주장을 다른 주장으로 바꾸고 싶을 때 '그러나'나 '하지만'이라는 표현을 사용한다. '이 문제는 짧다. 그러나 어렵다', '이 문제는 길다. 하지만 쉽다'와 같이 사용한다. 이 예문에는 각각 두 가지의 주장이 들어 있지만 결과적으로 둘 다 접속표현 다음에 오는 주장에 무게가 실려 있다.

또한 '다만'이라는 표현은 당신이 한 주장에 특정 조건을 붙일 때 사용한다. 다음 두 문장을 비교해 보자.

> 이 문제는 어렵다. **하지만 짧다.**
> 이 문제는 어렵다. **다만 짧다.**

여기서 첫 번째 문장의 중심 주장은 '짧다'이고, 두 번째 문장의 중심 주장은 '어렵다'이다. 뒤 문장에 나온 '짧다'는 앞 문장을 설명하기 위해 추가된 표현일 뿐이다.

♣ 확실히, 물론

역접의 접속표현에서 특히 주의해야 하는 표현은 '**확실히**'와 '**물론**'이다. 모든 면에서 찬성하는 것은 아니라는 뜻을 미리 밝히면서 일단 그 사실을 인정할 때 '확실히'나 '물론'이라는 표현을 쓴다. 그 후에 '하지만'과 같은 접속표현을 사용해서 자신이 정말로 하고 싶었던 말을 한다. '확실히 ~다. 하지만 ~다'와 같이 일반적으로 '하지만'

과 함께 사용한다.

조금 길지만 예문을 살펴보자.

> 무엇보다 연습이 가장 중요하다는 생각은 플로리다주립대학교의 심리학자 안데르스 에릭슨이 진행한 연구에서 나왔다. 에릭슨의 주장에 따르면 연습 시간과 기량 사이에는 밀접한 상관관계가 존재한다. 피아노를 치는 일인지, 잎궐련을 마는 일인지와는 상관없이 모든 기량이 마찬가지다. 연습할수록 실력은 향상된다. 일류 선수가 될 수 있는지 없는지는 연습량으로 결정된다는 말이다. **확실히** 에릭슨의 주장대로 피아노 연습을 더 오래 한 아이가 결국 피아노를 더 잘 친다. **그러나** 그 아이가 연습을 많이 한 이유는 처음부터 피아노에 소질이 있었기 때문일 수도 있다. 그 아이는 연습을 해야 능력을 키울 수 있다고 생각했을 것이다. 이처럼 인간은 '자주적 선택'을 할 수 있기 때문에 이런 문제를 인과관계로 단정하기는 어렵다. 뛰어난 기량은 타고난 재능과 연습이 합쳐진 결과라고 생각해야 한다.
>
> (Michael S. Gazzaniga, 2006, 굵은 글씨는 필자 수정)

마이클 가자니가(Michael S. Gazzaniga)는 예문에서 '확실히'라는 접속표현을 사용해 안데르스 에릭슨(Anders Ericsson)의 연구에 경의를 표하며 일단 에릭슨의 주장을 인정한다. 그 후에 '그러나'라는 역접의 접속표현을 집어넣고 자신의 진짜 주장을 이어 간다.

♣ 한편, 한편으로, 그에 반해

마지막으로 여러 가지 사항을 비교할 때 사용하는 접속표현을 살펴보자. **'한편, 한편으로, 그에 반해'**와 같은 표현이 여기에 해당한다.

이러한 접속표현을 단순히 느낌대로 사용하다 보면 비교하는 대상이 엉망진창이 될 수 있으니 주의해야 한다. 이 표현들은 비교하는 대상이 공통점과 차이점을 동시에 가지고 있을 때만 사용한다. 예를 들어 '럭비를 할 때는 제대로 된 보호구를 착용하지 않습니다. 그에 반해 미식축구는 갑옷 같은 보호구를 착용합니다'와 같은 식이다. 두 경기는 다수의 선수가 참가하는 구기종목이라는 공통점이 있지만, 보호구 착용과 관련해서는 차이점이 존재한다.

2-3-3 접속표현의 정리

2-3에서 살펴본 기본적인 접속표현을 표로 정리해 보자.

■ 기본적인 접속표현

	종류	용도	표현
순접	부가	앞 문장에 이어 새로운 정보를 추가한다.	그리고, 게다가, 오히려
	귀결	어떤 전제를 결론으로 귀결시킨다.	그래서, 왜냐하면, 그 이유로는, 따라서, 그러므로, ~라는 것도, ~해서, ~때문에
	예시	구체적인 예를 보여 준다.	예를 들면
역접	부정	주장을 바꾼다.	그러나, 하지만, 다만
	양보	긍정한 후에 부정한다.	확실히, 물론
	비교	여러 가지 사항을 비교한다.	한편, 한편으로, 그에 반해

연습문제 2-1

다음 ( ) 안에 적절한 접속표현을 넣어 보자.

---

① 국가들은 대체로 항상 서로를 시기하며 방심하지 않고 신경을 곤두세우고 있다가 이웃 나라에 재난이 발생하면 기뻐하는 경향이 있습니다. (a) ② 국적이 다른 사람과는 가깝게 지낼 수 없다고 미리 밝혀 두는 편이 나을지도 모릅니다. (b) ③ 실제 생활 속에서 사실을 있는 그대로 바라보면 국적이 달라도 끈끈한 우정이 생기는 경우가 많다는 사실을 알 수 있습니다. 그리고 ④ 그들의 우정을 방해하는 가장 큰 상애물은 국민성의 차이가 아닙니다. (c) ⑤ 언어의 차이 때문입니다. 맞습니다. ⑥ 외국인과는 잘 지내기 힘들다는 편견 때문에 국적이 다른 사람끼리 멀어지는 일이 많습니다. (d) ⑦ 편견을 극복하면 서로에 대한 사랑과 공경의 마음이 서로를 이어 주기도 합니다.

(Hamerton, 1884 수정 인용)

연습문제 2-2

다음 ( ) 안에 적절한 접속표현을 넣어 보자.

---

① 유럽의 시스템과 중화권의 시스템은 결정적인 차이 하나가 있었다. ② 바로, 유럽의 시스템은 정치적 통합을 고려하지 않은 경제 시스템이었다는 점이다. ③ 중화권 시스템의 '핵심'은 명나라든 청나라든, 유라시아 대륙 동부 일대를 하나로 통일해서 지배하는 '제국'을 구축하는 것

에 있다. (a) ④ 서유럽은 국가 간 체계로 통합되었다고 주장하지만 중화권이 추구하는 통합은 찾아볼 수 없는, '국민국가'들을 모아 놓은 오합지졸에 불과했다. ⑤ 제국은 제국 내부의 무력을 독점하고 무기 보급과 발전을 막는 경향이 강하다. (b) ⑥ 국민국가들을 모아 놓은 오합지졸이었던 유럽은 각국이 경쟁적으로 무기 개발과 경제 발전을 추구했다. ⑦ 이런 차이가 16세기에 동양과 서양이 보였던 압도적인 무력의 차이를 만들었다.

(川北, 2016 수정 인용)

☑ 연습문제 2-1의 해답

- a: 따라서

  문장 ①의 취지는 국가들은 일반적으로 사이가 좋지 않다는 것이다. 그다음 문장 ②를 읽어 보면 국가들이 서로 사이가 나쁘기 때문에 개인적으로 인간관계를 맺어도 가깝게 지낼 수 없다고 논증했다. 따라서 귀결로 이어지는 접속표현 '따라서'가 들어가야 한다.

- b: 하지만

  문장 ②는 다른 국적의 사람과는 좋은 인간관계를 맺을 수 없다고 말했지만, 문장 ③은 생활 속에서 국적이 달라도 우정이 생기는 일이 많다고 말했다. 즉, 문장 ③은 문장 ②와 반대의 내용을 설명하고 있다. 따라서 역접의 접속표현 '하지만'이 들어가야 한다.

- c: 오히려

  문장 ④는 우정이 생기지 못하게 막는 장애물이 국민성의 차이
  는 아니라고 설명했다. 그리고 문장 ⑤에서 우정의 장애물이 언
  어의 차이라고 했으니 문장 ④와는 다른 이유를 제시했다. 'A가
  아니다', 'B다'라는 두 문장을 연결할 때는 순접의 접속표현 '오
  히려'가 적절하다.

- d: 하지만

  문장 ⑥과 문장 ⑦의 내용도 반대 방향을 향하고 있다. 따라서
  이 부분에는 역접의 접속표현이 들어가야 한다.

☑ 연습문제 2-2의 해답

a와 b에는 둘 다 비교의 접속표현인 '한편'과 '그에 반해'를 넣어야
한다. ( ) 안에 둘 중 어느 표현을 넣어도 상관없다. 문장 ③은 중화
권 시스템의 핵심은 제국을 구축하는 것이라고 말했고, 문장 ④는 서
유럽이 국민국가라는 점을 이야기했으니 두 문장은 대비를 이룬다.
또한 문장 ⑤의 '중화권 시스템은 제국 내부에서 무기를 통제한다'라
는 주장과 문장 ⑥의 '서유럽은 각국이 경쟁적으로 무기를 만든다'라
는 주장도 대비를 이룬다.

제3장

논증의 분류:
연역적 논증과
귀납적 논증

"

논증은 전제인 사실이나 근거에서 결론을 도출하는 일이다. 논증에는 두 가지 유형이 있다. 연역적 논증과 귀납적 논증이다. 제3장에서는 이 두 가지 논증의 유형을 비교하고 검토해 보자.

"

3-1 연역 vs 귀납

　논증을 추론이라고도 하지만 이 책에서는 기본적으로 논증이라는 단어를 사용한다. 우리가 받는 교육에는 일반적으로 논증이라는 단어와 개념이 별로 등장하지 않는다. 그래서 '논증'이라는 말이 생소하게 느껴지고 어렵다는 인상을 받을 수도 있다. 하지만 논증의 기본 구조는 의외로 간단하다.

　　논증이란 전제에서 결론을 도출하는 것

을 의미한다. 다시 말하지만 논증의 정의는 사고의 정의와 같다. 예를 들어 다음에 제시한 예문은 모두 논증이다.

> a: ① 그는 약속에 항상 늦는다. 따라서 ② 오늘도 늦을 것이다.
> b: ① 스티븐 스필버그 감독이 만든 작품은 모두 재미있다. ② 따라서 다음 작품도 재미있을 것이다.
> c: ① 그는 가끔 약속에 늦는다. 어쩌면 ② 오늘도 늦을 수도 있다.
> d: ① 지금까지 본 스티븐 스필버그 감독의 작품은 재미있었다. ② 따라서 다음 작품도 재미있을지도 모른다.

　a부터 d까지의 논증에서 ①에 해당하는 문장을 전제나 근거, ②에 해당하는 문장을 결론이나 주장이라고 한다. 형태를 보면 순서는

　　전제-접속표현-결론

이며 전제에서 결론을 끌어내는 구조라는 사실을 알 수 있다. 또한 이 책에서는 전제에서 결론을 끌어내는 과정을 도출이라고 하고, 전제, 도출, 결론을 묶어 논증이라고 한다.

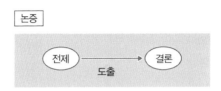

■ **도출은 전제에서 결론을 끌어내는 일이다**

다시 원래 이야기로 돌아가자면 앞서 제시한 네 개의 논증은 전제에서 결론을 도출했다는 점에서는 모두 같지만, 전제에서 결론을 도출하는 절차는 논증 a, b 그룹과 논증 c, d 그룹이 다르다. 어떻게 다른지 간단하게 짚어 보자.

우선 a, b 그룹의 논증은 전제인 근거가 '참'이면 결론도 반드시 '참'이 된다. 예를 들어 논증 a에 등장하는 그는 약속에 **항상** 늦는 사람이기 때문에 언제나 늦게 온다. 따라서 당연히 '오늘도 늦을 것'이라고 생각할 수 있다. 논증 b도 마찬가지다. 전제가 '스티븐 스필버그가 만든 작품은 **모두** 재미있다'이기 때문에 이 말이 '참'이면 다음 작품도 반드시 재미있다는 결론을 내릴 수 있다.

여기서 우리는 전제에 포함된 '항상'과 '모두'라는 단어에 주목해야 한다. 전제에 이 단어를 사용했기 때문에 결론이 반드시 '참'이 된다. 이처럼

전제가 '참'이면 반드시 결론도 '참'이 되는 논증을

연역적 논증

이라고 한다.

반면 c, d 그룹은 전제인 근거가 '참'이라도 결론은 반드시 '참'이라고 볼 수 없다. c는 그가 '가끔 약속에 늦는다'라고 했으니 오늘도 늦는다는 보장은 없다. d도 지금까지 본 스티븐 스필버그 감독의 작품이 정말 재미있었을지 모르지만, 우연히 재미있는 작품만 봤을지도 모른다. 따라서 다음 작품이 반드시 재미있을 거라는 보장은 없다. 이처럼

전제인 근거가 '참'이라도

결론은 반드시 '참'이라고 할 수 없는 논증을

귀납적 논증

이라고 한다. 어떤가? 논증의 기초는 생각보다 어렵지 않다.

3-1-1 근거, 전제, 결론(주장)이란

논증에 관한 대략적인 설명을 마쳤으니 더 자세한 설명으로 들어가 보자. 다만 그전에 먼저 논증에서 자주 등장하는 키워드인 '근거', '전제', '결론(주장)'에 대해 정리하자. 다음은 이 책에서 해당 용어들을 귀납적 논증에 사용할 때의 정의다.

우선 전제는 결론을 끌어내기 위한 대상을 의미하며, 그 내용이 무엇인지는 특별히 정해져 있지 않다. 실제 논증에서 전제의 내용은 관찰, 조사, 실험을 통해 실제로 확인할 수 있는 경험적 사실일 수도 있

고, 직접 경험할 수 없는 비경험적 사실일 수도 있다. 또는 '거짓'일 수도 있다.

예를 들면 눈앞에 있는 시계를 가리키면서 '이것은 시계다. 따라서 이것을 통해 지금 몇 시인지 알 수 있다'라고 했다면 이 말의 전제는 경험적 사실이다. 반면 '사람의 마음은 모두 같다. 따라서 다른 사람의 마음도 알 수 있다'라고 했다면 이 말의 전제는 비경험적 사실이다. 그리고 이 책에서는 근거와 '전제'를 같은 뜻으로 본다. 즉, 근거로 경험적 사실을 말하든, 전제로 경험적 사실을 말하든 의미하는 바는 같다. 또한 '박세리는 야구 선수다'와 같은 문장은 분명 '거짓'이지만 논증의 전제(근거)로 사용할 수는 있다.

다음으로 주장은 '의미가 있는 문장(명제)'으로 표현된 모든 것이다. 따라서 어떤 근거나 전제를 통해 도출된 논증의 결과만 주장이 되는 것은 아니다.

앞에서 언급한 '이것은 시계다. 따라서 이것을 통해 지금 몇 시인지 알 수 있다'라는 문장에서 '이것은 시계다'는 전제(근거)라고 했다. 주장이라고는 하지 않았지만 이는 '이것은 시계다'라는 주장을 논증의 근거이자 전제로 '사용'한 것이다.

그리고 논증의 결과로 도출된 것을 결론이라고 한다. 결론은 경험적 사실이 아니며, 논증에서 사용되는 '주장'은 '결론'과 같은 뜻이다.

연역적 논증

이번에는 예문을 통해 연역적 논증(deductive reasoning)에 대해 생각해 보자.

> a: ① 그는 변호사다. 따라서 ② 사람을 변호한다.
> b: ① 돌고래는 포유류다. 따라서 ② 알은 낳지 않는다.
> c: ①-1 이 상자에는 빨간 공과 하얀 공 두 개만 들어 있다.
> ①-2 조금 전에 그가 빨간 공을 꺼냈다. 따라서 ② 지금 이 상자에는 하얀 공만 들어 있다.

이 예문은 모두 '① 따라서 ②'라는 형태다. 그리고 ②에 제시한 결론의 내용은 모두 ①에 제시한 전제에 처음부터 포함되어 있던 내용이다. ①번 문장 속에 포함되어 있던 내용을 다른 표현으로 바꿔서 ②에서 결론으로 제시했다. 이것이 연역적 논증의 핵심이다.

전제에 어떤 의미가 포함되어 있는지 판단하려면 우선 단어가 가진 규칙을 알아야 한다. 쉽게 말해 '○○만 들어 있다'라는 문장에서 '만'의 의미를 모르면 결론이 '참'인지 '거짓'인지 판단할 수 없다. 당연한 말을 굳이 언급한다고 생각하겠지만, 전제가 여러 개 등장하면 어떤 의미가 포함되어 있는지 판단하기 어려울 수도 있다.

a의 '그는 변호사다. 따라서 사람을 변호한다'라는 논증에서는 전제인 '변호사'라는 단어에 처음부터 '변호하는 사람'이라는 의미가 포함되어 있다. 따라서 결론은 전제에 있던 내용을 다른 말로 바꿔 말했을 뿐이다. 결론으로 특별히 새로운 정보를 언급하지는 않았다.

b 예문에서도 '포유류'라는 단어에 이미 태생(胎生, 모체에서 어느 정도 발육한 후에 태어남–역주)이라는 의미가 포함되어 있기 때문에 당연히 알을 낳지 않는다는 사실을 알 수 있다(단, 오리너구리는 예외). 이 예문 역시 처음부터 전제에 결론이 포함되어 있다.

따라서 연역적 논증은 진리보존적(truth–preserving)이다. 전제에 포함된 진리가 그대로 보존된 채 결론으로 도출된다. 어떤 의미에서 **진리보존성은 연역적 논증의 무기**라고도 할 수 있다.

3-2-1 연역의 가치

앞에서 설명한 대로 연역은 전제에 포함된 내용을 다른 표현으로 바꿔서 결론으로 내놓는다. 즉, 연역은 동어 반복(tautology)이다.

그렇다면 도대체 왜 연역을 하는 걸까? 이유는 우리가 자신의 생각이나 명제에 어떤 의미가 들어 있는지를 제대로 꿰뚫어 보지 못하기 때문이다(戸田山, 2011). 이미 전제에 숨어 있지만 직감적으로 바로 알아차리지 못하는 정보를 명시하기 위해 연역을 한다.

의외로 우리는 자신의 말에 어떤 의미가 들어 있는지 또는 들어 있지 않은지를 명확하게 설명하지 못할 때가 많다.

3-3　타당한 논증

　연역적 논증에 관해 이야기할 때 '타당한 논증', '타당하지 않은 논증'이라는 표현을 쓴다. 이번에는 '타당'이라는 말에 대해 생각해 보자.

　좁은 의미로 보면 **연역적으로 결론을 도출했을 때** 해당 논증을 '타당한 논증'이라고 한다. '올바른 논증'이라고 표현하고 싶지만 그러기에는 모호한 면이 있다. 근거와 결론이 **경험적 사실**과 일치한다는 의미에서 올바른 것인지, 근거를 통해 논리적으로 확실하게 결론을 도출했다는 의미에서 올바른 것인지를 구별할 수가 없다. 그래서 논리학에서는

**　　근거에서 논리적으로 확실하게 결론을 도출한 경우에**

**　　타당한 논증이라고 한다.**

　전제인 근거의 진위는 결론 도출 자체와는 상관이 없다는 말이다.

　구체적인 예문으로 삼단논법에 따른 논증 네 가지를 살펴보자. 삼단논법은 두 가지 전제에서 하나의 결론을 도출하는 논증법이다.

논증 A

근거 1: 마쓰이 선수는 뉴욕 양키즈 소속이다.
근거 2: 뉴욕 양키즈 소속 선수는 모두 스즈키 이치로를 알고 있다.

결론: 따라서 마쓰이 선수는 스즈키 이치로를 알고 있다.

논증 B

근거 1: 마쓰이 선수는 뉴욕 양키즈 소속이다.
근거 2: 뉴욕 양키즈 소속 선수는 모두 스즈키 이치로를 알고 있다.

결론: 따라서 마쓰이 선수는 나가시마 시게오 감독을 알고 있다.

논증 C

근거 1: 자유의 여신은 뉴욕 양키즈 소속 선수다.
근거 2: 뉴욕 양키즈 소속 선수는 모두 스즈키 이치로를 알고 있다.

결론: 따라서 자유의 여신은 스즈키 이치로를 알고 있다.

논증 D

근거 1: 신경심리학은 뇌의 병변 부위에 따른 환자의 임상 행동을 연구
하는 학문이다.
근거 2: 플러싱 메도우에서는 전미 테니스 오픈 대회가 열린다.

결론: 따라서 논리학에서는 전제에서 결론을 도출하는 과정이 중요하다.

우선 논증 A를 보면 바로 타당한 논증이라는 사실을 알 수 있다. 왜 그럴까? 그 이유를 알아보기 위해 논증 B, C, D와 비교해 보자.

논증 B는 근거 1과 근거 2, 결론을 각각 따로 떼어서 보면 모두 '참'이다. 하지만 근거 1과 근거 2로는 논증 B의 결론을 도출할 수 없다. 따라서 논증 B는 타당한 논증이 아니다. 마쓰이 선수는 나가시마

시게오 감독이 이끌었던 자이언츠 팀의 선수였으니 마쓰이 선수가 나가시마 감독을 안다는 주장은 사실일 것이다. 하지만 결론이 '참'이고, 근거 1과 근거 2가 '참'이라고 해도 두 근거에서는 해당 결론을 도출할 수 없다.

논증 B가 타당하지 않은 논증이라는 점을 명확하게 보여 주는 예문이 논증 D다. 논증 D는 근거 1과 근거 2, 결론이 모두 '참'이지만, 근거와 결론 사이에 어떠한 논리적 관계도 보이지 않는다. 따라서 논증 D 또한 타당한 논증이 아니다.

그렇다면 논증 C는 어떨까? 근거 2는 '참'이지만 근거 1은 명백한 '거짓'이다. 하지만 **만약 근거 1이 '참'이면 도출할 수 있는 결론이다.** 따라서 **논증 C는 연역적 논증으로서 타당한 논증**이다. 앞에서 설명했듯이 근거 내용의 진위와 결론 도출 과정의 타당성은 별개의 문제이기 때문이다.

근거가 명백한 거짓이지만 만약 그 근거를 참이라고 인정하면 논증 전체에는 오류가 있어도 결론 도출 과정 자체는 타당하다. 이렇게 말하면 이 책을 읽는 모두가 의아하게 생각할지도 모른다. 하지만 연역적 논증을 하려면 이 개념에 익숙해져야 한다.

이쯤에서 처음에 보류했던 '논증 A는 왜 읽자마자 바로 타당하다는 것을 알 수 있는가?'라는 질문으로 돌아가 보자. 논증 A의 근거 1 '마쓰이 선수는 뉴욕 양키즈 소속이다(정확하게는 선수였다)'의 내용은 '참'이다. 또한 근거 2 '뉴욕 양키즈 소속 선수는 모두 스즈키 이치로를 알고 있다'도 사실일 것이다. 따라서 **논증 A의 내용은 근거 1과 근거 2가 참이고, 결론 도출 과정도 타당하다.** 이런 경우를 우리는 '올바른 논증'이라고 생각한다. 즉, '올바른 논증'이란 **타당한 논증이며 동시에 전제가 모두 참인 논증이다.**

3-4 귀납적 논증

우리가 평소에 아무렇지도 않게, 심지어 깨닫지도 못하고 하는 논증이 있다. 바로 귀납적 논증(inductive reasoning)이다. 제3장 처음 부분에 '그는 가끔 약속에 늦는다. 어쩌면 오늘도 늦을 수도 있다'라는 예문이 있었다. 이 예문에서 '그는 가끔 약속에 늦는다(전제)'라고 했고, 그 말이 만약 참이라고 해도 '오늘도 늦는다(결론)'라는 보장은 없다고 설명했었다. 이 예문처럼

전제인 근거가 '참'이라도
결론은 반드시 '참'이라고 할 수 없는 논증을 귀납적 논증

이라고 한다. 이 내용을 예문을 통해 다시 한번 확인해 보자.

① 그는 변호사다. 따라서 ② 그는 연설할 때 논리적일 것이다.

이 예문에서는 '① 그는 변호사다'가 근거가 되는 사실이다. 그리고 그 사실에서 '② 그는 연설할 때 논리적일 것이다'라는 결론을 도출했다. 우리는 일반적으로 변호사는 법정에서 사람을 변호하기 때문에 연설을 논리적으로 할 거라고 생각한다. 그리고 실제로도 변호사는 연설할 때 논리적일지 모른다. 하지만 변호사라는 단어에는 '연설'이나 '논리적'이라는 의미가 포함되어 있지 않다. '변호사'와 '연설'은 의미상으로 아무런 관계가 없다. 또한 '변호사'와 '논리적'도 마찬가지다. 만약 이 단어들 사이에 어떠한 관계가 있다면 논리관계가

아니라 사실관계에 불과하다. 따라서 앞 예문의 논증은 귀납적 논증이다.

3-5   귀납적 논증의 네 가지 형식

귀납적 논증에는 네 가지 형식이 있다. ① 귀납법(매거 논증), ② 투사(projection), ③ 유비, 유추(analogy), ④ 가설 형성(abduction)이다. 각형식을 간단히 살펴보자.

3-5-1 귀납법
다음 예문은 귀납법(매거 논증)에 따른 논증이다.

> 대학에서 지정해 추천한 A 고등학교의 학생은 우수하다.
> 대학에서 지정해 추천한 B 고등학교의 학생은 우수하다.
> 대학에서 지정해 추천한 C 고등학교의 학생은 우수하다.
> 대학에서 지정해 추천한 D 고등학교의 학생은 우수하다.
> _____
> 따라서 대학에서 지정해 추천한 고등학교의 학생은 모두 우수하다.

앞서 제시한 예문처럼 개별 사례를 모아 내용 전체에 대한 일반성을 끌어내는 논증을 귀납법이라고 한다. 즉, 귀납법은

개별적 근거에서 일반적 결론을 끌어내는 논증

이다. 또한 매거(枚擧, enumerative) 논증을 가리켜 귀납적 논증이라고 할 때도 있다.

만약 대학이 지정해 추천한 E 고등학교의 학생이 우수하지 않다는 사실이 판명되면 대학이 지정해 추천한 고등학교의 학생은 모두 우수하다는 결론을 내릴 수 없다. 따라서 귀납적 논증에서는 결론이 반드시 '참'이 되지는 않는다.

3-5-2 투사

다음 예문은 투사(projection)에 따른 논증이다.

> 대학에서 지정해 추천한 A 고등학교의 학생은 우수하다.
> 대학에서 지정해 추천한 B 고등학교의 학생은 우수하다.
> 대학에서 지정해 추천한 C 고등학교의 학생은 우수하다.
> 대학에서 지정해 추천한 D 고등학교의 학생은 우수하다.
>
> ───────────────────────────
>
> 따라서 대학에서 지정해 추천한 E 고등학교의 학생도 우수할 것이다.

이 논증법은 언뜻 앞에서 설명한 매거 논증(귀납법)과 비슷해 보인다. 개별 사례를 모아 아직 모으지 못한 사항에 대한 결론을 도출한다는 점은 매거 논증과 같다. 하지만 매거 논증은 개별 사례를 모아 그 사례들을 포함한 **전체 내용을 일반화**하는 데 반해, 투사는 수집한 개별 사례에서 다음에 수집할 **개별 사례에 대한 결론**을 끌어낸다는 점이 다르다. 다만 매거 논증과 마찬가지로 투사에서도 전제가 '참'이라고 해서 결론이 항상 '참'이 되지는 않는다.

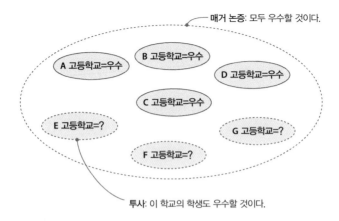

■ 매거 논증과 투사

3-5-3 유비, 유추

서로 다른 여러 가지 현상에 공통으로 나타나는 특징인 성질 A가 있을 때 다른 성질 B도 공통일 수 있다고 생각하는 논증을 '유비, 유추(analogy)'라고 한다.

예를 들면 다음과 같은 사례가 있다.

> 나라에는 대통령이 가장 위에 있고 그 아래에 부대통령이 있으며, 그 밑으로 장관들이 있다. 이는 대학에 학장과 부학장이 있고, 그 밑으로 학부장들이 있는 조직적 특징과 비슷하다. 그렇다면 국회에도 학생에 해당하는 사람이 있을 것이다.

국가와 대학의 조직이 어떻게 구성되어 있는지 이미 알고 있는 사람은 이 예문을 통해 유비 논증을 할 필요가 없다. 유비 논증은 잘 모르는 대상에 이미 알고 있는 사항의 구조를 적용하면 어떻게 되는지를 볼 때 그 진가를 발휘한다.

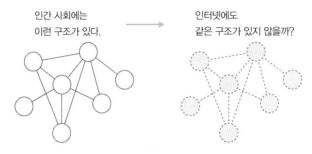

■ 유비, 유추

3-5-4 가설 형성

가설 형성(abduction)은 미국의 논리학자 겸 철학자인 찰스 샌더스 퍼스(Charles Sanders Peirce)가 주장한 논증의 형식이다(Peirce, 1960). 기존의 지식만으로는 설명할 수 없는 현상을 발견했을 때

'특정 가설을 세워서 현상을 설명할 수 있으면
그 가설은 타당하다'
라고 추측하는 논증법

이다. 가설 형성은 과학 연구에서 가설을 구축할 때도 많이 사용한다. 퍼스가 실제로 들었던 예문을 살펴보자.

육지에서 화석이 발견됐다고 하자. 이 화석이 어류의 화석이고 심지어 바다에서 멀리 떨어진 육지에서 발견되었다면 우리는 이 현상을 설명하기 위해 **이 주변의 육지가 과거에는 바다였다**고 추측한다. 이 역시 하나의 가설이다.

예문에서 굵은 글씨로 표시한 부분을 두고 가설이라고 했다. 해당 가설을 이용하면 어류의 화석이 육지 안쪽에서 발견된 사실을 설명할 수 있다.

귀납법(매거 논증)이나 투사에서는 사실을 일정량 이상 모은 후에 그 사실에서 비약해 결론을 끌어낸다. 여기서

비약(飛躍)이란
전제인 사실이나 근거에 포함되지 않은 결론을 도출하는 것

을 의미하며, 이때 사실의 축적량은 상관이 없다. 사실을 아무리 많이 모아도 결론에 대한 비약을 없앨 수는 없다. 연역적 논증은 전제에서 결론을 도출할 때 비약이 없지만, 귀납적 논증을 할 때는 반드시 '비약'이 존재한다.

한편 가설 형성은 특정 현상에서 시작한다는 점이 귀납법이나 투사와 같지만, 축적된 결과에서 결론을 도출하지 않고

왜 그 현상이 일어났는지를 설명하기 위한 잠정적 답

을 제시한다. 그 답이 참인지 아닌지는 일단 차치하고 그 답을 이용해서 그때까지 설명할 수 없던 현상을 이해시킨다.

물론 가설이 반드시 최적의 설명은 아니다. 가설의 신빙성을 검증하려면 실험, 관찰, 조사와 같은 절차에 따라 그 가설이 사실인지를 증명해야 한다. 실제로는 가설의 내용이 사실과 다른 경우도 많고, 퍼스가 든 예처럼 실질적으로 적절성을 검증할 방법이 없는 가설도 있다.

'대학에서 지정해서 추천한 A, B, C, D 고등학교의 학생은 우수하다. 따라서 대학에서 지정해서 추천한 고등학교의 학생들은 모두 우수할 것이다'라는 논증은 열거된 사실들을 바탕으로 한 추측일 뿐이다. 귀납법과 투사는 '대학에서 지정해서 추천한 고등학교의 학생은 **왜** 모두 우수한가?'라는 질문에 답을 찾아 주지는 않는다. 가설 형성은 **현상을 설명하려고 한다**는 점에서 다른 비연역적 논증인 매거 논증이나 투사와는 성질이 조금 다르다.

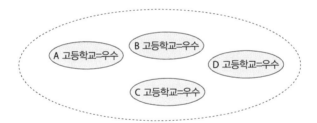

가설 형성: '이 학교들에는 특별한 교육 방침이 있지 않을까?'라는
가설을 세우면 설명할 수 있다.

■ 가설 형성

♣ 르 베리에와 해왕성의 발견

가설 형성에 대한 유명한 사례로 '해왕성의 발견'과 관련한 르 베리에 일화가 있다. 이 일화는 가설 형성의 사례로 소개될 때도 있지만 과학철학 분야에서는 뉴턴의 법칙이 얼마나 위대한지를 설명하는 사례로도 쓰인다.

프랑스 천문학자 알렉시 부바르(Alexis Bouvard)는 뉴턴의 이론을 근거로 천왕성의 궤도를 계산하던 도중에 이론적인 예측과 일치하지 않는 데이터를 얻었다. 이 책 제5장에서 설명할 가설 연역법이라는 개념을 적용하자면 아주 곤란한 상황이 벌어진 셈이다. 뉴턴의 이론을 반증하는 데이터였기 때문에 이 데이터를 인정하면 뉴턴의 이론을 부정해야 했다.

이때 또 다른 프랑스 천문학자인 위르뱅 르 베리에(Urbain Le Verrier)가 문제 해결에 나섰다.

> 관측 데이터와 뉴턴의 이론이 일치하지 않은 이유는 이론이 틀렸기 때문이 아니다. 천왕성의 궤도가 이론과 맞지 않는 이유는 천왕성 가까이에 아직 발견되지 않은 행성이 있고, 그 영향으로 천왕성이 계산대로 움직이지 않았기 때문이다.

르 베리에는 문제 해결을 위해 가설을 세웠다. 당시에는 이 책 6-12에서 설명할 임시방편적 가설(애드 혹 가설)에 불과했지만 르 베리에는 이 가설을 바탕으로 예측을 했고, 후에 독일 천문학자인 요한 갈레(Johann Gottfried Galle)에 의해 르 베리에가 예측한 위치에서 실제로 해왕성이 발견되었다. 뉴턴의 이론이 맞았다는 사실이 증명되어 참 다행이다.

3-6 네 가지 귀납적 논증의 공통점

마지막으로 3-5에서 설명한 네 가지 귀납적 논증의 공통적 특징을 살펴보자. 먼저 첫 번째 공통점은

전제인 근거가 참이라고 해서
도출되는 결론이 반드시 참이 되는 것은 아니다

라는 점이다. **귀납적 논증의 결론은 개연적이다.** 필연적인 결론이 도출되지 않는다. 전제에 없는 내용을 결론으로 도출하니 당연히 필연적일 수가 없다. 전제에 없는 내용을 도출한다는 말은 다시 말해 전제에 포함된 진리가 결론 도출 후까지 보존되지 않는다는 의미다. 그런 의미에서 **귀납적 논증은 진리보존적이지 않다**고 할 수 있다. 그리고 또 다른 공통점은

전제인 근거에 비해 결론의 정보량이 늘어난다

는 점이다. 전제에 없는 무언가를 결론으로 도출하기 때문에 새로운 정보가 결론으로 제시된다.

어떻게 보면 귀납적 논증의 이런 특징 덕분에 우리 인류의 생활이 발전했다고도 할 수 있다. 눈앞에 있는 데이터(증거, 사실 등) 속에 확실하게 포함된 내용을 연역적으로 꺼내기만 하면 원래 가진 데이터를 절대 뛰어넘을 수 없다. 가지고 있는 데이터나 증거를 뛰어넘는 새로운 주장도 해 보고, 결론도 내 봐야 발전할 수 있는 법이다.

제3장에서는 연역과 귀납의 차이에 대해 알아보았다. 이제 연습문제를 통해 연역과 귀납을 구별할 수 있는지 확인해 보자. 다음 ①~⑥의 논증이 귀납적 논증인지, 연역적 논증인지 판단하고 그 이유도 함께 생각해 보자.

① 지금까지 만난 미국인은 모두 커피를 좋아했다. 내일 업무차 만나는 켈리는 미국인이다. 따라서 켈리도 반드시 커피를 마실 것이다.

② 위, 심장, 간, 신장, 췌장은 모두 모양이 좌우 비대칭이다. 따라서 신체 부위는 모두 비대칭이다.

③ 영국에서 태어난 사람은 반드시 영국식 발음으로 영어를 한다. 이번에 영문과 수업을 맡은 교수님은 영국 출신이다. 따라서 그 선생님도 영국식 발음으로 영어를 할 것이다.

④ 논리적인 사람들은 머리가 좋을 확률이 높다. 그리고 프랑스인은 논리적이다. 따라서 프랑스인은 머리가 좋을 확률이 높다.

⑤ 일본의 문부과학성은 2020년부터 대학입시에 윤리적 사고를 평가할 수 있는 문제를 출제하는 안을 검토 중이다. 하지만 애당초 문부과학성 자체가 윤리적 사고가 무엇인지 명확하게 제시하지 못하고 있다. 따라서 고등학교 교육 현장은 입시 대책을 어떻게 세워야 할지 혼란을 겪고 있다.

⑥ 요시쓰네의 부하인 무사시보 벤케이가 나이 든 사냥꾼을 길잡이로 구해 왔다. 사냥꾼은 요시쓰네에게 히요도리 고개는 사람과 말이 넘기에는 너무 경사가 급한 길이라고 말했다. 그러자 요시쓰네는 "사슴은 이 고개를 넘을 수 있는가?"라고 물었다. 사냥꾼은 "사슴은 겨울이 되면 먹이를 찾아 이 고개를 왕복한다"라고 대답했다. 그러자 요시쓰네는 "네 발 달린 동물은 모두 똑같다. 따라서 말도 이 고개를 내려갈 수 있다"라고 대답하고는 말을 탄 채 가파른 경사를 한번에 달려 내려가는 기습 작전을 펼쳤다.

(https://ja.wikipedia.org/wiki/에서 수정 인용·)

☑ 연습문제 3-1의 해답

① 귀납적 논증(투사)

해설: 지금까지 만난 미국인은 모두가 커피를 좋아했을 수도 있다. 하지만 모든 미국인이 반드시 커피를 좋아한다는 보장은 없다. 따라서 앞으로 만날 미국인 중에 커피를 마시지 않는 사람을 만날 확률이 매우 높다.

② 귀납적 논증(귀납법)

해설: 예를 들어 수정체는 좌우 대칭이다. 귀납적 논증의 투사를 사용해 결론에 오류가 생긴 경우다.

③ 연역적 논증

해설: 영국에서 태어난 사람은 '반드시' 영국식 발음을 구사한다면 다음에 오는 영국 출신 교수도 분명히 영국식 발음을 구사할 것이다. 다만 이 전제가 참이라고 단정할 수 없다는 점에 주의해야 한다.

④ 연역적 논증

해설: 확률을 이야기하고 있으니 귀납적 논증이라고 생각할 수 있지만, 전제에서 '논리적인 사람은 머리가 좋을 확률이 높다'라고 말했기 때문에 결론에서 말하는 확률도 보장할 수 있다.

⑤ 귀납적 논증

해설: 문부과학성이 논리적 사고란 무엇인지를 명확하게 제시하지 않았다는 전제와 고등학교 교육 현장이 혼란을 겪고 있다는 결과 사이에 실제 사실관계가 있기는 하겠지만, 전제에는 현장의 혼란과 관련된 내용이 없다. 고등학교는 고등학교 나름대로 열심히 대책을 마련했을지도 모른다.

⑥ 연역적 논증

해설: 네 발 달린 동물은 모두 똑같다는 표현은 말이든 사슴이든 똑같다는 것을 의미한다. 이 전제를 참이라고 하면 '말도 이 고개를 내려갈 수 있다'는 결론은 논리적으로 타당하다.

제4장

귀납적 논증의 가정

"
사실을 제시하고 그 사실을 근거로 결론이나 주장을 끌어내기만 해서는 설득력이 떨어진다. 그래서 제시한 사실에서 왜 그런 결론을 도출했는지를 보여 주는 '가정'이 필요하다. 제4장에서는 귀납적 논증에서 '가정'이 어떤 역할을 하는지 자세하게 살펴보자.
"

4-1 가정의 필요성

예를 들어 김 대리가 감기에 걸려 회의에 참석하지 못했다고 하자. 이 사실을 제3장에서 설명한 귀납적 논증으로 표현하면 '김 대리는 감기에 걸렸다. 그래서 회의에 참석하지 못했다'가 된다. **감기라는 사실**을 이유로 회의에 참석하지 못했다는 말이다. 이 논증을 보고 '감기에 걸리면 왜 회의에 참석할 수 없는가?'라는 질문이 나왔다고 하자. 이 질문에 대해서는 '감기를 치료해야 하기 때문에'라는 또 다른 이유를 생각할 수 있다. 이때 '감기를 치료해야 하기 때문에'라는 이유는 사실이 아니다. 단지 '감기를 치료하는 것이 중요하다'라는 것을 임시로 인정했을 뿐이다. 즉, 가정이다.

이 논증은 우리가 평소에 의견을 말하거나 논의를 할 때 감기와 같이 눈에 보이는 **사실만이 아니라 가정도 이유로 사용해야 한다**는 점을 보여 준다.

4-2 일상적인 논증

제3장에서 논증은 크게 연역적 논증과 귀납적 논증으로 나뉜다고 설명했다. 두 논증법 모두 중요하다. 제5장에서 더 자세히 설명하겠지만 과학 연구에서는 두 논증법을 조합해서 가설을 세우거나 결과를 예측한다. 그런데 사실 일상생활에서는 연역적 논증을 쓸 일이 거

의 없다. 다음에 제시한 상황을 보면 바로 알 수 있다.

> **영수:** 중국인 관광객은 다들 일본의 연말 행사와 천황이 여는 신년 행사에 관심이 있어.
> **철수:** 맞아. 지금 일본에서 유학 중인 린이 중국인이지?
> **영수:** 그럼. 린도 일본의 연말 행사와 천황이 여는 신년 행사에 관심이 있겠네.

이 대화는 연역적 논증의 예문이다. 전제인 '중국인 관광객은 다들 일본의 연말 행사와 천황이 여는 신년 행사에 관심이 있다'와 '지금 일본에서 유학 중인 린이 중국인이다'가 참이면 '린도 일본의 연말 행사와 천황이 여는 신년 행사에 관심이 있다'라는 결론도 확실히 참이 된다. 두 전제 속에 이미 결론이 들어 있다. 하지만 우리는 평소에 이런 식으로 대화하지 않는다. 이미 전제에 포함되어 있던 말을 군이 다른 말로 바꿔서 반복하지 않고 보통은 다음과 같이 말한다.

> **영수:** 영희네 집에 전화했는데 계속 안 받아.
> **철수:** 아! 그러고 보니 영희 여행 간다고 했었어.
> **영수:** 그래? 그럼 집에 없는 모양이네.

이 대화의 전제는 '영희네 집에 전화했는데 계속 안 받는다'와 '영희가 여행을 간다고 말했다'는 것이다. 영수는 두 전제에서 '영희는 집에 없다'라는 결론을 도출했다. 충분히 생각할 수 있는 결론이고 실제로 그럴 수도 있다. 하지만 논리적으로 보면 두 전제만으로는 영희가 집에 없다는 결론을 도출할 수 없다. 아직 여행을 가지 않고 집에 있을 수도 있다. 따라서 이 논증은 연역적으로는 틀렸다. 하지만 어쩌면 정말 여행을 떠나서 전화를 받지 않았을 수도 있으니 어느 정도 타당성은 있는 논증이다. 이것이 평소에 우리가 하는 귀납적 논증이다.

연역적 논증의 위력과 중요성은 충분히 설명했으니 지금부터는 귀납적 논증에 초점을 맞춰서 이야기해 보자. 일상생활이든 과학적 논의를 하는 자리든 우리가 평소에 가장 많이 사용하는 논증법은 귀납적 논증이다.

먼저 기초 중의 기초부터 시작하자. 제3장에서 이미 귀납적 논증에 대해 어느 정도 설명했으니 겹치는 부분도 있겠지만, 제4장에서는 연습문제를 풀며 조금 더 깊이 들어가 보자.

4-3 논증은 근거와 주장의 조합

먼저 다음의 예문을 읽어 보자.

a: ① 그는 영어 선생님이다. 따라서 ② 영어로 말할 수 있을 것이다.
b: ① 저 레스토랑은 항상 사람들이 줄을 선다. 따라서 분명히 ② 음식이 맛있을 것이다.
c: ② 손목시계의 건전지가 다 닳았나 보다. 왜냐하면 ① 3시에서 멈춰 있다.
d: ① 갑자기 비가 내렸다. 그래서 일단 ② 건물 안으로 들어갔다.
e: ① 설 연휴에는 도로에 차가 많지 않다. 그래서 ② 공기도 깨끗하다.

이 예문은 모두 ①번의 내용을 바탕으로 ②번의 결론을 도출했다. a 예문을 보면 그가 영어 선생님이라는 사실에서 '그는 영어로 말할 수 있을 것'이라는 결론을 내렸다. 이때 ①에 해당하는 내용을 근거라 하고, ②에 해당하는 내용을 결론 또는 주장이라고 한다. 제3장에서 이미 설명했지만 이처럼

특정 근거에서 어떠한 결론을 끌어내거나 주장하는 것을 논증이라고 한다.

논증은 기본적으로 '근거, 따라서 **결론(주장)**'의 형태를 띠고 있다. 예문 c처럼 '**결론(주장), 왜냐하면 근거**'의 형태일 때도 있지만, 이 또한 틀림없이 논증이다.

우리는 무언가를 생각할 때 반드시 논증 과정을 거친다. **논증은 사고의 기초 단위**라고 할 수 있으며, 실제 말로 하지 않아도 우리는 머릿속으로 논증을 한다.

예를 들어 '어? 약속 시간인데 왜 안 오지? 지하철이 연착됐나?', '왠지 몸이 찌뿌드드한걸? 너무 많이 잤나?', '그 녀석을 또 만나고 싶지 않다. 오늘은 평소와 다른 길로 가자'와 같이 속으로 중얼거릴 때가 있다. 이때 특별히 '근거, 따라서 결론'이라는 형태에 맞춰서 생각하지는 않는다. 무의식적으로 자연스럽게 논증 과정을 거친다.

논리적인 사고의 기초는 논증 과정을 의식하는 일이다. 즉, 논증을 중심으로 생각하는 것이 논리적 사고의 첫걸음이다. 따라서 논리적 사고를 하려면 논증하는 일에 익숙해져야 하고, 익숙해지려면 경험을 쌓아 가는 수밖에 없다. 먼저 다음의 연습문제를 풀어 보자.

연습문제 4-1

다음 ①~⑤번 문장에서 근거와 결론을 찾아보자.

---

① 그가 수업 중에 졸았다. 분명 어젯밤에 밤을 새웠을 것이다.

② 방금 칠한 페인트를 만진 것이 분명하다. 왜냐하면 손에 페인트가 묻어 있다.

③ 런던은 비가 자주 내린다. 그래서 내일도 비가 올지 모른다.

④ 인간에게는 할 수만 있다면 다시 한번 과거로 돌아가서 현재를 고치고 싶다는 바람이 있다. 그래서 〈백 투 더 퓨처〉와 〈터미네이터〉도 그런 바람을 주제로 삼았다.

⑤ 그녀는 영어에 능숙하다. 왜냐하면 오랫동안 미국에서 유학을 했기 때문이다.

연습문제 4-1의 해답

①, ③, ④는 앞 문장이 근거, 뒤 문장이 결론이고 ②, ⑤는 뒤 문장이 근거, 앞 문장이 결론이다.

4-4 경험할 수 있는 세계에서 경험할 수 없는 세계로의 비약

4-3의 연습문제 중 ③번 문장을 예로 들어 귀납적 논증에서 어떤 일이 일어나는지, 근거에서 어떤 결론이 도출되는지를 살펴보자. 우선 근거를 적고 그 아래에 추론 선(inference bar)이라고 부르는 실선을 그은 다음, 선 아래에 결론을 적는다. 이 방식을 논증의 표준 형식(standard form)이라고 한다.

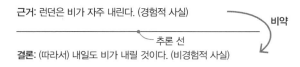

근거: 런던은 비가 자주 내린다. (경험적 사실)　　비약

───────────────── 추론 선 ─────────────────

결론: (따라서) 내일도 비가 내릴 것이다. (비경험적 사실)

■ **논증의 표준 형식**

근거인 '런던은 비가 자주 내린다'는 실제 경험한 사실이다. 정말로 비가 내렸는지는 경험한 사실에 비춰 진실인지 아닌지 확인할 수 있다. 이와 같은 근거를 경험적 사실이라고 한다. 한편 결론인 '내일도 비가 내릴 것이다'는 내일이 되어야 알 수 있기 때문에 논증을 하는 시점에는 경험할 수 없다. 따라서 비경험적 사실이다.

이 기준으로 생각하면 논증이란

경험할 수 있는 사실에서
경험할 수 없는 사실을 끌어내는 것

이다. 또한 앞에서 논증이란 근거에서 결론을 도출하는 것이라고 했

는데, 이 말을 다른 표현으로 바꾸면 논증이란

경험적 사실에서 비경험적 사실을 도출하는 것

이라고도 할 수 있다.

논증의 표준 형식을 이용할 때는 추론 선이라는 실선을 긋는다. 추론 선은 '실선 위에 있는 경험적 사실의 세계에서 비경험적 사실의 세계로 넘어간다'는 것을 상징한다. 추론 선의 위와 아래는 이어지지 않은 개별적 세계이며, 한쪽은 경험할 수 있는 세계이고 다른 한쪽은 경험할 수 없는 세계다. 약간 과장해서 표현하자면 논증이란 생각의 모험이다. 우리는 매일 기존 세계에서 미지의 세계로 모험을 떠나는 것이다.

경험할 수 있는 사실에서 경험할 수 없는 사실을 끌어낸다는 말은 '제시된 근거에 없는 무언가'를 결론으로 도출한다는 의미다. 이때 도출은 근거에 없는 내용을 결론으로 끌어내는 과정을 가리키며, 근거에 없는 내용을 도출하는 것을 비약이라고 한다.

일반적으로 논의나 토론을 할 때 말에 비약이 생기면 좋지 않다고들 한다. '비약이 심해서 무슨 말인지 모르겠다'라는 말을 들었다면 어느 부분에서 비약이 있었는지 따져 고쳐야 마음이 편하다. 하지만 애초에 비약이 전혀 없는 논증은 할 필요가 없다. 예를 들어 '오늘은 날씨가 좋다. 따라서 하늘이 맑게 갰다', '그는 독신이다. 따라서 결혼하지 않았다'라는 논증은 비약이 전혀 없고, 근거가 '참'이면 결론도 반드시 '참'이다. 하지만 이런 논증은 생산성이 없다. 따라서 귀납적 논증이 제 기능을 발휘하려면 반드시 비약이 있어야 한다. 다만 비약이 너무 심하면 문제가 될 수도 있다. 비약의 정도는 근거에 관해 설명하는 4-7에서 자세히 알아보자.

4-5 　복잡한 논증

　연습문제 4-1의 예문에는 모두 '근거, 따라서 결론'의 형태로 구성된 단 하나의 논증만이 들어 있다. 따라서 어느 부분이 근거이고 어느 부분이 결론인지 쉽게 알 수 있었다.

　하지만 실제 우리가 보는 글은 더 길 때가 많다. 그 안에 여러 개의 논증이 들어 있고, 논증과 직접적인 관련이 없는 사항도 포함되어 있다. 따라서 긴 글에서 논증을 찾아내려면 근거와 결론, 기타 내용부터 구분해야 한다. 경험이 많지 않은 독자들은 당황스러울 수도 있겠지만, 다음의 연습문제를 풀면서 천천히 익숙해지자.

 연습문제 4-2

　다음 문장에서 논증을 찾아보자.

현대 일본인은 경이적인 속도로 따라잡을 수 있었던 자신들의 잠재 능력에 자부심을 느끼지 않는다. 서양 국가들로부터 '모방의 명수'라는 생각지도 못한 비판을 받아 왔기 때문이다. 모방만 잘하고 독창성은 전혀 없다는 부정적인 평가가 반복되자 독창성 결여 콤플렉스에 빠져 버렸다.

(石井威望, 「모방과 창조의 명수, 일본의 기술(ものまね上手・創造上手の日本技術)」, p. 139에서 수정 인용)

연습문제 4-3

다음 문장에서 논증을 찾아보자.

문부과학성이 기존의 대학 입시 제도를 대폭 변경할 계획을 밝혔다. 입시 문제에 윤리적 사고 능력과 비판적 사고 능력을 평가할 수 있는 문제를 포함시킬 예정이다. 지금까지 중시해 왔던 암기형 학습 능력만으로는 이제 합격할 수 없다. 확실히 논리적 사고 능력과 비판적 사고 능력은 앞으로 사회에 나왔을 때 유용하게 쓸 수 있는 능력이다. 미리 공부해 둘 가치는 충분하다. 이 능력들은 대학 교육을 통해서 배워야 할 능력의 하나다. 하지만 문제는 대학에서 누가 이 능력들을 가르치고 훈련시킬 것인가다. 왜냐하면 현재 일반대학 교수들은 윤리적 사고 능력과 비판적 사고 능력을 교육할 만한 능력이 없기 때문이다. 앞으로 이 영역을 가르칠 인재 육성이 중요해질 것이다.

연습문제 4-4

다음 문장에서 논증을 찾아보자.

Libertarianism은 경제적 자유를 포함해 자유를 특히 강조하기 때문에 긍정적으로 해석하면 '자유존중주의'나 '자유지상주의'로 번역할 수 있지만, 나는 '자유원리주의'로 번역했다. Neo-liberalism을 '시장원리주의'라고 할 때도 있으니 정책적 공통성을 나타내려면 '자유원리주의'로 번역해야 편하다. 기본적으로 '원리주의'는 지나치게 강직한 생각을 표현할 때 주로 사용하는 용어이기 때문에 Libertarianism을 비판적인 관점에서 해석한 표현이라 할 수 있다.

(小林, 2010, pp. 126-127)

제4장

☑ 연습문제 4-2의 해답

이 문제의 예문에는 두 가지 논증이 들어 있다. 논증을 찾을 때는 '근거, 따라서 결론'의 형태가 명확하게 드러나도록 귀결을 이끄는 접속사 '따라서'를 넣어 보면 쉽게 알 수 있다.

- **논증 1**: 서양 국가들로부터 '모방의 명수'라는 생각지도 못한 비판을 받아 왔다(근거). **따라서** 현대 일본인은 경이적인 속도로 따라잡을 수 있었던 자신들의 잠재 능력에 자부심을 느끼지 않는다(결론).
- **논증 2**: 모방만 잘하고 독창성은 전혀 없다는 부정적인 평가가 반복되었다(근거). **따라서** 독창성 결여 콤플렉스에 빠져 버렸다(결론).

☑ 연습문제 4-3의 해답

- **논증 1**: 입시 문제에 윤리적 사고 능력과 비판적 사고 능력을 평가할 수 있는 문제를 포함시킬 예정이다(근거). **따라서** 지금까지 중시해 왔던 암기형 학습 능력만으로는 이제 합격할 수 없다(결론).
- **논증 2**: 논리적 사고 능력과 비판적 사고 능력은 앞으로 사회에 나왔을 때 유용하게 쓸 수 있는 능력이다(근거). **따라서** 미리 공부해 둘 가치는 충분하다(결론).
- **논증 3**: 미리 공부해 둘 가치는 충분하다(근거). **따라서** 이 능력

들은 대학 교육을 통해서 배워야 할 능력의 하나다(결론).

- 논증 4: 현재 일반대학 교수들은 윤리적 사고 능력과 비판적 사고 능력을 교육할 만한 능력이 없다(근거). **따라서** 문제는 대학에서 누가 이 능력들을 가르치고 훈련시킬 것인가다(결론).

이 해답을 주의 깊게 살펴보면 논증 2의 결론이 논증 3의 근거로 쓰였다는 사실을 알 수 있다. 이처럼 'A 따라서 B. B 따라서 C'와 같은 형태로 논증이 진행될 때도 있다. 이와 관련해서는 논증 도식을 설명하는 4-8에서 다시 살펴보도록 하자.

☑ 연습문제 4-4의 해답

- **논증 1:** Libertarianism은 경제적 자유를 포함해 자유를 특히 강조한다(근거). **따라서** 긍정적으로 해석하면 '자유존중주의'나 '자유지상주의'로 번역할 수 있다(결론).
- **논증 2:** 나는 (Libertarianism을) '자유원리주의'로 번역했다(결론). **왜냐하면** Neo-liberalism을 '시장원리주의'라고 할 때도 있으니 정책적 공통성을 나타내려면 '자유원리주의'로 번역해야 편하다(근거).
- **논증 3:** Neo-liberalism을 '시장원리주의'라고 할 때도 있다(근거). **따라서** 정책적 공통성을 나타내려면 '자유원리주의'로 번역해야 편하다(결론).
- **논증 4:** 기본적으로 '원리주의'는 지나치게 강직한 생각을 표현할 때 주로 사용하는 용어다(근거). **따라서** Libertarianism을 비판

적인 관점에서 해석한 표현이다(결론).

논증 2와 같이 결론이 먼저 나오고 뒤에 근거가 나올 때는 이유를 나타내는 접속사 '왜냐하면'을 넣어 '결론, 왜냐하면 근거'의 형태로 만들면 알기 쉽다.

4-6 비약이 없는 논증

4-4에 '오늘은 날씨가 좋다. 따라서 하늘이 맑게 갰다'라는 예문이 있었다. 그리고 근거에서 결론을 도출할 때 비약이 없으면 생산성이 없다고도 설명했다. 의미가 있는 발언을 하려면 근거를 제시하고 비약을 할 각오를 다진 후에 제시한 근거에 들어 있지 않은 내용을 포함한 결론을 도출해야 한다. 그렇지 않으면 아무 말도 하지 않는 것과 마찬가지다. 따라서

자신의 의견이나 주장을 명확하게 내세우고 싶다면
논증에 적절한 비약을 넣어야 한다.

이 말은 주장이 없는 글을 읽어 보면 무슨 뜻인지 쉽게 이해할 수 있다.

이 모기는 열대와 아열대 지역에서 볼 수 있고, 물리면 며칠 이내에 발열과 출혈을 동반한 심각한 증상이 나타나기도 한다. 세계보건기구(WHO)에 따르면 전 세계적으로 뎅기열 감염자는 연간 5천만 명에서 1억 명에 달하며, 사망자는 2만 2천 명으로 추산된다. 국내에서 감염될 우려는 없지만 해외에서 감염된 사람이 귀국 후에 증상을 보인 사례가 작년에만 약 200건 정도 보고됐다. 예방주사와 치료제는 아직 개발되지 않았다.

(마이니치 신문 조간, 2011년 5월 2일)

이 글에는 논증이 하나도 없다. 사실을 차근차근 나열했을 뿐이다. 또한 접속사를 하나도 사용하지 않아서 문장과 문장 사이의 논리적 관계도 명확하지 않다. 물론 이 글은 정보를 제공했고 독자들은 행간을 읽었을 것이다. 하지만 논증이라는 관점에서 보면 결론이 없는 글이다.

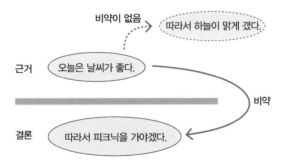

■ 비약이 있어야 의견과 주장을 내세울 수 있다

여기서는 논거(warrant)란 무엇인지 생각해 보자. '근거'와 미묘한 차이가 있으니 주의가 필요하다.

4-7-1 논거란 무엇인가

우선 다음의 대화를 살펴보자.

> **대화 1**
>
> **영수:** 다음 주에 영화를 보러 가고 싶은데 ① 〈신비한 동물사전〉은 어떨까?
>
> **영희:** 왜 그 영화로 골랐어?
>
> **영수:** 왜라니, ② 지난번에 〈백 투 더 퓨처〉라는 옛날 DVD를 봤잖아. 그 래서……
>
> **영희:** 그랬구나. 그럼 〈신비한 동물사전〉 보자.

대화 1에서 영수는 〈신비한 동물사전〉이라는 영화를 보러 가자고 주장했다. 그러자 영희는 왜 그 영화를 골랐는지 물었다. 질문을 받은 영수는 지난번에 〈백 투 더 퓨처〉를 봤다는 사실을 근거로 제시했다. 따라서 영수가 머릿속으로 논증 과정을 거쳤다는 사실을 쉽게 알 수 있다. '② 따라서 ①'이라는 논증이다.

영수는 영희의 질문을 받고 이미 본 영화를 경험적 사실로 제시하며 주장의 이유로 삼았다. 영희는 **주장을 뒷받침하는 근거가 무엇인** 지를 물었으니 영수의 대답은 일단 틀리지 않았다. 다음으로 대화 1에 이어지는 대화 2의 내용을 살펴보자.

영희: 그랬구나. 그럼 〈신비한 동물사전〉 보자. 그런데 **왜 지난번에 〈백 투 더 퓨처〉를 봤다는 이유로 이번에 〈신비한 동물사전〉을 보자는 거야?**

영수: 그거야 〈백 투 더 퓨처〉랑 〈신비한 동물사전〉은 전혀 다른 내용의 영화잖아. ③ 모티프가 같은 영화를 연속으로 보면 재미도 없고 보는 의미도 없다고 생각했어.

영희: 그렇구나. 그런 뜻이었구나.

대화 1과 대화 2의 차이는 무엇일까? 대화 1에서 영수가 〈신비한 동물사전〉을 보자고 했을 때 영희는

'그 주장을 뒷받침하는 근거가 있는지'를 물었다.

그래서 영수는 경험적 사실을 제시해 대답했다.

한편 대화 2에서는 영수가 〈백 투 더 퓨처〉를 봤다는 경험적 사실을 근거로 제시하자 영희가 또 다른 질문을 던졌다. 이번에는 그 **경험적 사실이 어째서 〈신비한 동물사전〉을 보러 가자는 결론으로 이어지는지**를 물었다.

대화 1에서 영수는 영희에게 자신의 주장을 뒷받침하는 근거로 경험적 사실을 제시했다. 하지만 대화 2에서 한 영희의 질문에는 또 다른 경험적 사실을 제시해도 답이 되지 않는다. 영희의 질문이 '당신이 제시한 경험적 사실이 어째서 당신의 주장을 뒷받침하는가?'이기 때문이다.

이때 대화 2에서 영수가 내놓은 이유 ③은 '사실'은 아니다. '모티

프가 같은 영화를 연속으로 보면 재미도 없고 보는 의미도 없다'라는 말은 영수의 가정(또는 가설)일 뿐이다. 모티프가 비슷한 영화를 연속해서 보는 일에 의미가 있는지 없는지는 아무도 모른다.

대화 1과 대화 2에 등장한 논증의 결정적인 차이는 무엇일까? 대화 1에서는 ②와 같은 사실만 제시해도 논증이 성립한다. 하지만 대화 2에서는 ②의 사실에 더해 ③과 같은 **가정**까지 이유로 제시해야만 논증이 성립한다. 바꿔 말하면 대화 1에서는 주장과 주장을 뒷받침할 근거만 제시하면서 끝났지만, 대화 2에서는 주장과 근거를 제시한 후에 그 근거가 어째서 주장과 연결되는지를 보여 주는 가정까지 제시해야 한다.

이 책에서는 근거의 이유가 되는 가정을 논거라고 하며 근거와 구별한다. 둘 다 이유이지만

근거는 경험적 사실이고, 논거는 가정

이다. 근거와 논거는 전혀 다른 성질의 이유라고 할 수 있다. 이제 영수의 논증을 다시 정리해 보자.

근거 1: 지난번에 〈백 투 더 퓨처〉를 봤다.
근거 2: 〈신비한 동물사전〉과 〈백 투 더 퓨처〉는 모티프가 다르다.

주장: (따라서) 〈신비한 동물사전〉을 보자.
논거: 모티프가 비슷한 영화를 연속해서 보면 재미도 없고 보는 의미도 없기 때문이다.

논증의 기본 형식은 '근거, 따라서 주장'이었다. 여기에 또 다른 이유인 논거가 추가되면 형식은 '**근거, 따라서 주장. 왜냐하면 논거**'로 바뀐다.

다음 그림은 영국의 분석철학자 스티븐 툴민(Stephen Toulmin)이 주장한 논증 모델의 일부를 수정한 것이다. 참고로 이 모델에 대해 자세히 알고 싶다면 2011년에 출판된 툴민의 저서 제3장을 참고하기 바란다.

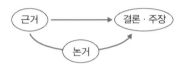

■ 스티븐 툴민의 논증 모델

그림에서 알 수 있듯이 근거를 제시하고 결론(주장)을 도출할 때 근거에서 왜 그런 결론이 도출되는지, 근거와 결론은 어떻게 연결되는지를 알려 주는 이유가 논거다.

따라서 논거는 논증의 필수 요소다. 논거가 없으면 근거가 결론을 끌어낼 수 있는 적합한 사실인지 아닌지를 설명할 수 없다. 우리는 데이터나 증거를 모아서 주장을 뒷받침하면 결론의 옳고 그름을 자연스럽게 증명할 수 있다고 생각하지만, 꼭 그렇지만도 않다. 아무리 근거(데이터나 증거가 되는 사실)가 많아도 그것만으로는 결론의 옳고 그름을 판단할 수 없을 때가 많다. 그래서 논증에는 반드시 논거가 필요하다.

하지만 논의 중에 논거를 일방적으로 제시하면 상대는 당신의 논증에 바로 동의하지 않을 것이다. 논증에 논거가 필요한 이유는 근거에서 결론을 도출할 때 발생하는 비약을 줄이기 위해서다. 논거는 '이 근거를 보고 이런 결론을 내려도 된다'라는 일종의 보증인 셈이다. 만약 준비한 논거가 불충분해서 상대가 이해하지 못한다면 서로가 '비약이 없다'고 인정할 때까지 계속해서 논거를 제시해야 한다.

4-7-2 길버트 라일의 추론 레일

철학자 길버트 라일(Gilbert Ryle)은 그의 저서 『마음의 개념(The Concept of Mind)』에서 논거에 해당하는 부분을 '추론(논증) 레일'이라는 예를 들어 설명했다.

열차는 레일이 존재하지 않으면 달릴 수 없다. 마찬가지로 설령 눈으로 관찰할 수 없는 것일지라도 임상 관찰 대상과 현미경 관찰 대상을 실제로 이어 주는 존재가 없으면 세균학자는 환자를 임상 관찰할 때 현미경을 통해 세균을 관찰할 수 있다는 생각조차 할 수 없을 것이다.

(중략) 열차가 특정 장소에서 또 다른 장소를 향해 달린다는 주장에는 두 지점 사이에 눈으로 관찰할 수 있는 한 쌍의 레일이 존재한다는 주장이 포함되어 있다. 따라서 '추론 레일'이라는 표현은 질병에서 세균의 존재를 추론하는 것이 **사실은 추론하는 것이 아니라 추론 레일이라는 제삼의 대상이 존재한다는 사실을 기술하는 것임을 시사한다.** 바꿔 말하면 '추론 레일'은 '이러이러해서 저러저러하다'를 논하는 것이 아니라 '눈으로 관찰된 이러이러한 것과 저러저러한 것 사이에는 눈으로 관찰할 수 없는 연결이 존재한다'라는 사실을 나타낸다. 하지만 '무엇을 위해 눈으로 관찰할 수 없는 제삼의 존재를 가정하는가?'라고 물으면 '질병에 대한 논의가 세균에 대한 논의로 이동한다는 사실을 **보증하기 위해**'라고 대답할 수밖에 없다. 따라서 추론 레일은 처음부터 끝까지 추론이 타당하다고 가정한다.

(Ryle, 1949, pp. 170-171, 굵은 글씨는 필자 수정)

열차가 A 역에서 B 역으로 이동할 수 있는 것은 레일이 있다는 전제가 있기 때문이다. 마찬가지로 근거에서 결론을 도출하려면 근거와 결론 사이에도 레일과 같은 존재가 있어야 한다. 실제 레일과는 달리 논증 레일은 눈에 보이지 않는다(관찰할 수 없다). 그래서 가정으로 표현한다. 라일은 눈으로 관찰할 수 없는 존재를 가정하는 일을 질병에 대한 논의가 세균에 대한 논의로 이동한다는 사실을 **보증하기** 위해서라고 설명했다. '보증한다'라는 말은 '논거를 준비한다'와 같은 의미다.

이쯤에서 다시 비약이란 개념을 생각해 보자. 4-4에서 설명했던 논증의 표준 형식에서는 추론 선이라는 실선을 그었다. 또한 추론 선 위에 있는 근거(경험적 사실)에서 추론 선을 뛰어넘어(비약해서) 아래에 있는 결론(비경험적 사실)을 도출한다고도 설명했다. 다시 한번 말하지만 비약은 근거에 없는 내용을 결론으로 도출하는 것이다. 그래서 논증에 비약이 없을 수는 없지만 비약이 너무 심하면 문제가 될 수 있다. 그렇다면 비약은 어느 정도 수준이면 괜찮은 걸까?

비약의 허용 범위는

근거와 결론 사이에서 적절한 논거를 추정할 수 있는 정도다.

4-7-3 논증에서 중요한 역할을 하는 논거

4-7 앞부분에서 소개했던 대화 2는 어떤 영화를 볼지 이야기하는 간단한 대화였다. 그런 간단한 대화 속에도 논거를 포함한 논증이 숨어 있다. 그렇다고 우리가 일상생활에서 매번 명확하게 논증을 하면서 이야기하지는 않는다. 하지만 특별히 의식하지 않아도 우리는 근거가 뒷받침된 의견을 말하고, 심지어 그 의견의 바탕에는 논거까지 제대로 깔려 있다.

평소에 하는 간단한 대화의 바탕에도 논거가 깔려 있고, 그 논거가 근거나 주장으로 이어진다. 그렇다면 당신이 매일 참석하는 회의에서 나누는 대화 속 논증은 어떨까? 논거가 더 복잡하지 않을까?

그리고 사실 더 큰 문제는 대화 2와 같은 대화는 실제로 일어나지 않는다는 점이다. 다시 말해 나 자신을 포함해서 그 누구도 논거를 문제 삼지 않는다. 일반적인 논의는 대화 1 정도의 수준에서 그친다. 자신의 의견을 말하고 근거를 제시한 시점에서 대화가 끝난다. 하지만 언급하지 않았던 암묵적인 가정이 논증의 논거로 작용하고, 결국 그 논거는 스스로 추정할 수밖에 없다.

4-7-4 논거는 하나가 아니다

다음 논증 예문을 살펴보자.

근거: 제리는 맨해튼 출신이다.

결론: 그렇다면 그는 뉴욕 억양으로 영어를 할 것이다.

이 예문의 논거는 무엇일까? 일단 가장 먼저 떠오르는 논거는 '맨해튼 출신인 사람은 뉴욕 억양으로 말한다'일 것이다. 이것을 논거 1이라고 하자. 그리고 논거 2로 '사람은 출신 지역의 억양을 학습한다'도 생각할 수 있다.

하지만 논거 1과 2만으로는 충분하지 않다. '사람은 일반적으로 특정 억양을 습득할 때까지 태어난 지역에서 산다'라는 논거 3도 가정해야 한다. 즉, 제리가 이 세 가지 논거에 해당하는 상황에 있다고 가정해야 한다. 만약 제리가 정말 맨해튼 출신이라고 해도 태어난 지

몇 개월 만에 다른 지역으로 이사를 가서 살았다면 뉴욕 억양으로 영어를 하지 않을 수도 있다.

이처럼 단순한 예문에서도 알 수 있듯이 논증은 여러 논거가 바탕이 되어야 성립한다. 참고로 이 책에서는 논거 2, 3과 같이 주요 논거를 뒷받침하는 논거를 보조 논거라고 부른다.

여기서 핵심은

논증의 논거는 하나가 아니다

라는 점이다. 다양한 논거가 모여서 하나의 논증을 뒷받침한다. 논리적 사고의 기초는 논증을 중심으로 생각하는 것이며, 이는 다시 말해 논거와 보조 논거를 포함한 논증을 중심으로 생각한다는 말과 같다.

4-7-5 근거에 의미를 부여하는 논거

지금까지 설명한 바와 같이 근거는 주장을 뒷받침하는 **증거**이며, **경험적 사실**인 편이 바람직하다. 반면 논거의 내용은 **가정**이며 특정 근거에서 왜 그런 결론을 도출할 수 있는지를 설명하는 이유다. 근거와 결론을 이어 주는 다리 역할을 하는 이유라고도 할 수 있다.

이번에는 논증에서 논거가 하는 역할을 다른 각도에서 살펴보자. 예를 들면 다음과 같은 시점이다.

근거 자체는 아무런 의미를 내포하지 않고
논거가 외부에서 근거에 의미를 부여한다.

예컨대 '그는 범죄자다'라는 결론을 도출하는 근거로 '그가 죄를 저질렀다고 자백했다'를 제시했다고 하자. 이때 논거를 '그의 자백은 적절하고 신빙성 있다'라고 가정하면 그는 범죄자가 된다. 하지만 논거를 '그의 자백은 경찰의 강요로 한 것이기 때문에 신빙성이 없다'라고 가정하면 그는 범죄자가 아니라는 결론이 나온다.

COLUMN

논거가 사실을 결정한다

이론생물학자 무라세 마사토시(村瀬雅俊)는 그의 저서 『생명의 역사(歷史としての生命)』에서 다음과 같이 말했다.

> 사실의 나열 속에 존재하는 자연의 아름다움을 어떠한 가정도 하지 않고 통일해서 표현하려는 작업이야말로 앞에서 언급한 '복잡한 현상을 있는 그대로 받아들이면 오히려 단순한 이론을 도출할 수 있다'라는 말의 진짜 의미를 담고 있다. 그러나 전문지나 서적에서 사실을 밝혀내는 과정은 그 자체에 커다란 함정이 숨어 있다. 60년 전에 있었던 '생물선(生物線) 사건'을 예로 들어 보자. (중략)
> 이 '생물선 사건'에서는 처음에 긍정했던 '사실'이 나중에 '부정'되었다.
>
> (村瀬, 2000, pp. 8-9)

이 내용은 객관적 사실이라는 것은 애초에 없으며, '사실'은 인위적으로 만들 수 있다는 것을 시사한다. 즉, 논거가 사실을 결정한다는 말이다.

귀납적 논증의 가정

여기서 핵심은 '그가 범죄를 저질렀다고 자백했다'라는 똑같은 근거가 '그는 범죄자다'라는 결론을 도출하기도 하고, '그는 범죄자가 아니다'라는 결론을 도출하기도 한다는 사실이다. 만약 근거의 의미가 유일하다면 누가 사용하든 같은 결론이 나와야 한다. 하지만 실제로는 그렇지 않다. 근거 자체에 의미가 있는 것이 아니라 **근거가 근거에 의미를 부여하기 때문**이다. 따라서 근거로 제시된 경험적 사실이 반드시 객관적으로 존재하는 것은 아니라는 점을 명심하자.

 연습문제 4-5

논증을 뒷받침하는 논거를 찾는 연습을 해 보자. 다음은 연습문제 4-1에서 나왔던 논증이다. 이 논증이 성립하는 데 필요한 논거를 추정해 보자. 논거는 복수일 수도 있다.

① 근거: 그는 수업 중에 졸았다.
  결론: 따라서 분명 어젯밤에 밤을 새웠을 것이다.

② 근거: 손에 페인트가 묻어 있다.
  결론: 따라서 방금 칠한 페인트를 만졌을 것이다.

③ 근거: 런던은 비가 자주 내린다.
  결론: 따라서 내일도 비가 올지 모른다.

④ **근거**: 인간에게는 할 수만 있다면 다시 한번 과거로 돌아가서 현재를 고치고 싶다는 바람이 있다.

  결론: 따라서 〈백 투 더 퓨처〉와 〈터미네이터〉도 그런 바람을 주제로 삼았다.

⑤ **근거**: 그녀는 오랫동안 미국에서 유학을 했다.

  결론: 따라서 그녀는 영어에 능숙할 것이다.

 연습문제 4-6

　다음 논증은 연습문제 4-2의 예문에서 인용했다. 이 논증의 논거를 추정해 보자.

① **근거**: 서양 국가들로부터 '모방의 명수'라는 생각지도 못한 비판을 받아 왔다.

  결론: 현대 일본인은 경이적인 속도로 따라잡을 수 있었던 자신들의 잠재 능력에 자부심을 느끼지 않는다.

② **근거**: 모방만 잘하고 독창성은 전혀 없다는 부정적인 평가가 반복되었다.

  결론: 따라서 독창성 결여 콤플렉스에 빠져 버렸다.

🖊 연습문제 4-7

다음 논증은 연습문제 4-3의 예문에서 인용했다. 이 논증의 논거를 추정해 보자.

---

① 입시 문제에 윤리적 사고 능력과 비판적 사고 능력을 평가할 수 있는 문제를 포함시킬 예정이다. (따라서) 지금까지 중시해 왔던 암기형 학습 능력만으로는 이제 합격할 수 없다.

---

② 논리적 사고 능력과 비판적 사고 능력은 앞으로 사회에 나왔을 때 유용하게 쓸 수 있는 능력이다. (따라서) 미리 공부해 둘 가치는 충분하다.

---

③ 현재 일반대학 교수들은 윤리적 사고 능력과 비판적 사고 능력을 교육할 만한 능력이 없다. 따라서 문제는 대학에서 누가 이 능력들을 가르치고 훈련시킬 것인가다.

☑ 연습문제 4-5의 해답

논증 자체는 간단하지만 막상 논거를 추정하려고 하면 좀처럼 떠오르지 않을 수도 있다. 실망할 필요는 없다. 논거를 찾는 과정에 익숙해지려면 연습을 반복하는 수밖에 없다.

연습문제 4-5의 논증에 대해서는 다음과 같은 논거를 추정할 수 있다.

① **논거 1**: 인간은 원래 자던 시간에 깨어 있으면 원래 깨어 있던 시간에 졸 수밖에 없다.

② **논거 1**: 페인트는 액체다.

논거 2: 액체인 페인트는 칠하고 나서 마를 때까지 시간이 걸린다(속건성 페인트도 있기 때문에 이 가정이 중요하다).

논거 3: 축축한 것은 손에 묻는다.

논거 4: 사람은 방금 칠한 페인트인지 아닌지를 판단하지 못한다.

논거 5: 사람은 실수를 한다.

③ **논거 1**: 과거에 자주 일어났던 일은 미래에도 일어날 확률이 높다.

논거 2: 지금까지 관찰된 것과 아직 관찰되지 않은 것은 비슷하다(이를 과학철학에서는 제일성 원리라고 한다).

④ **논거 1**: 영화는 실제 이루어질 수 없는 꿈을 그린다.

⑤ **논거 1**: 특정 국가의 언어를 일정 기간 이상 접하고 사용하면서 생활하면 자연스럽게 그 언어로 말할 수 있다.

논거 2: 외국에서 생활하려면 그 나라의 언어를 반드시 습득해야 한다.

논거 3: 필요해지면 더 빨리 배우게 된다.

☑ 연습문제 4-6의 해답

이 문제는 논증 자체가 연습문제 4-5보다 어려운 만큼 논거를 추정하기도 어렵다. 문장을 천천히 읽고 생각해 보자.

연습문제 4-6의 논증에 대해서는 다음과 같은 논거를 추정할 수 있다.

① **논거 1:** 서양 국가들이 독창성의 기준을 정했다.

논거 2: 서양 국가들의 평가 기준이 가장 정확하다.

논거 3: 모방과 독창성은 양립할 수 없다.

논거 4: 모방의 연장선상에 독창성은 없다.

논거 5: 자부심은 제삼자에게 인정받아야 느낄 수 있는 감정이다.

② **논거 1:** 같은 것을 반복해서 제시하면 신빙성이 높아진다.

논거 2: 연속해서 부정적인 평가를 받으면 긍정적인 행동을 억 누르게 된다.

☑ 연습문제 4-7의 해답

① **논거 1:** 입시 과목은 입학 가능성이 있는 학생의 능력을 측정할 수 있는 타당성이 보장되어야 한다.

논거 2: 논리적 사고 능력과 비판적 사고 능력을 평가하려면 두 능력의 활용 능력을 봐야 한다.

논거 3: 논리적 사고 능력과 비판적 사고 능력에 관한 지식을 익히고, 그 사실을 명시하는 것만으로는 두 능력을 측정할 수 없다.

논거 4: 활용 능력은 해당 능력에 관한 지식과는 별개다.

논거 5: 암기한 내용은 활용할 때는 쓸 수 없다.

② **논거 1:** 가치란 범용성 높은 것을 학습해서 활용할 수 있다는 것을 의미한다.

논거 2: 무언가의 가치는 특정 시점으로는 평가할 수 없다.

논거 3: 앞으로 활용할 수 있는 능력은 지금부터 익혀 두어야 한다.

③ **논거 1:** 교육은 교수의 자질과 능력에 의존한다.

4-7-6 근거와 논거의 정리

연습문제를 통해 논거가 논증에서 어떤 역할을 하는지 이해했을 것이다. 이제 근거와 논거의 역할을 되짚어 정리해 보자.

근거는 '당신의 결론이나 주장에 증거가 있는가?'라는 질문을 받았을 때 제시하며, 바람직한 근거는 경험적 사실이다.

논거는 '당신이 제시한 근거가 어째서 주장이 옳다는 이유가 되는가?'라는 질문을 받았을 때 제시하며, 논거의 내용은 가정(또는 가설)이다. 따라서 참인지 거짓인지 알 수 없으며, 근거와 달리 쉽게 증명할 수 없다.

4-8 논증 도식

특정 생각을 표명할 때 논증 하나로 끝나는 경우는 거의 없다. 일반적으로 글 하나에는 여러 개의 논증이 들어 있다. 게다가 글의 작성자들은 대부분 자신의 생각을 알기 쉬운 논증 구조로 표현하지 않는다. 그래서 글을 정확하게 해석하려면

글에 포함된 여러 논증 사이의 관계를 파악하면서 읽어야 한다.

구체적으로 말하자면 하나의 글에 포함된 논증을 모두 찾아내서 어느 논증이 어느 논증을 뒷받침하는지, 글 전체는 어떤 논증 구조로 마지막 결론을 도출했는지 확인해야 한다.

여기서는 논증과 논증의 관계를 명시할 때 사용하는 논증 도식의 작성법을 알아보자. 참고로 여기서 사용하는 용어는 일본의 철학자 노야 시게키(野矢茂樹, 1997)의 이론에 따랐으며, 논증 도식 표현에 논거를 추가하는 형태로 설명한다.

4-8-1 논증의 구조: 단순 논증, 결합 논증, 합류 논증

앞에서는 논증을 단독으로 다루어 설명했다. 지금부터는 도출과 여러 논증 사이의 관계를 생각해 보자. 우선 근거에서 결론이 도출되는 형식에 따라서 논증의 구조를 편의상 단순 논증, 결합 논증, 합류 논증으로 나누고 순서대로 살펴보자.

♣ 단순 논증

'① 길이 젖었다. ② 비가 내린 모양이다', '① 그는 논리적인 사고를 할 수 있다. ② 그는 변호사이기 때문이다'와 같이 하나의 근거에서 직접 결론을 끌어내는 논증을 단순 논증이라고 한다.

논증 도식을 그릴 때는 몇 가지 기호를 사용한다. 근거를 P, 결론을 Q라고 하면 'P 따라서 Q'라는 논증의 구조는

$$P \rightarrow Q$$

로 그릴 수 있다. 이때 → 는 도출을 의미하고 'P → Q'는 P에서 Q를 도출했다는 뜻이므로 단순 논증은 'P → Q'로 표시한다.

또한 한 번의 도출이 있으면 적어도 하나의 논거가 반드시 존재하므로 → 가 있는 곳에는 옆에 'W(Warrant)'를 붙이고, 논증의 순서에 따라서 W1, W2로 표시한다. 일반적으로 논거는 겉으로 드러나지 않

기 때문에 추정한 논거는 따로 정리해 두어야 한다.

첫 번째 예문 '① 길이 젖었다. ② 비가 내린 모양이다'의 논증 도식은 다음과 같다.

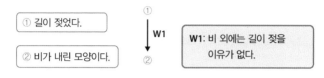

■ 단순 논증의 논증 도식 1

그리고 두 번째 예문 '① 그는 논리적인 사고를 할 수 있다. ② 그는 변호사이기 때문이다'의 논증 도식은 다음과 같다.

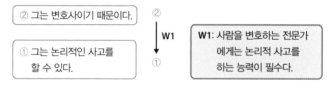

■ 단순 논증의 논증 도식 2

♠ 결합 논증

여러 사실을 조합해서 하나의 근거를 만들고 결론을 도출하는 논증을 근거들을 결합했다는 의미에서 결합 논증이라고 한다. 예문을 살펴보자.

① 그는 감기에 걸렸다고 한다. 따라서 ② 오늘은 출근하지 않을 것이다. 왜냐하면 ③ 감기는 증상이 나타나고 5일 정도는 전염되기 쉽기 때문이다.

이 예문에서는 근거 ① '그는 감기에 걸렸다'와 근거 ③ '감기는 증상이 나타나고 5일 정도는 전염되기 쉽다'를 각각 근거로 제시했고, 두 근거를 합쳐서 결론 ② '오늘은 출근하지 않을 것이다'를 도출했다. 이 논증의 논증 도식은 다음과 같다.

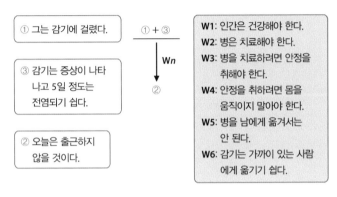

■ 결합 논증의 논증 도식

결합 논증을 기호로 표현할 때는 단순 논증에서 사용했던 기호에 몇 가지가 추가된다. 우선 두 가지 이상의 다른 근거를 결합할 때는 + 기호를 사용한다. 또한 예로 제시한 논증 도식과 같이 결합한 근거 아래쪽에 선을 긋는다. 그리고 하나로 결합한 근거가 결론을 도출한다는 의미에서 선 아래에 도출을 의미하는 화살표를 그린다.

♣ 합류 논증
여러 근거가 각자 독립적으로 작용해서 하나의 결론을 도출하는 논증을 합류 논증이라고 한다. 예문을 살펴보자.

① 업무 관련 채팅방은 없는 편이 나아. 왜냐하면 ② 집에 돌아와서도 업무 이야기를 하면 마음만 불안하고, ③ 사적인 시간을 빼앗기잖아.

이 논증에서는

근거 ② '집에 돌아와서도 업무 이야기를 하면 마음만 불안하다.'
근거 ③ '사적인 시간을 빼앗긴다.'

라는 독립된 내용의 근거가 각자

결론 ① '업무 관련 채팅방은 없는 편이 낫다.'

를 도출했다. 이 논증에는 '② 따라서 ①'과 '③ 따라서 ①'이라는 두 **가지 도출 과정**이 성립한다. 결합 논증은 두 가지의 다른 근거가 합쳐져서 하나의 근거를 형성하고, 그 근거로 결론을 도출하기 때문에 **도출 과정은** 하나다.

합류 논증의 논증 도식은 다음과 같이 두 가지 근거에서 화살표가 나와 결론에 이른다. 또한 근거별로 각각 다른 두 가지의 논거(W1, W2)가 필요하다.

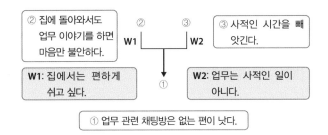

■ 합류 논증의 논증 도식

4-9 주논증과 부논증

4-8에서는 단순 논증, 결합 논증, 합류 논증이 어떻게 구성되어 있으며, 각 논증의 논증 도식을 그리는 방법을 설명했다. 여기까지 이해했다면 복잡한 논증이 숨어 있는 글도 논증을 중심으로 해석할 수 있을 것이다. 바로 확인해 보자.

다음 예문을 읽고 예문에 포함된 여러 가지 논증을 찾아내어 논증 도식을 그려 보자. 이때 도출이 일어나는 부분에는 추정할 수 있는 논거를 적는다. 도출을 의미하는 화살표 옆에 'W'를 적고, 'W1', 'W2'와 같이 순서대로 번호를 매긴 후에 논거의 내용은 다른 공간에 따로 정리한다.

① 이과로 진학할지, 문과로 진학할지 결정해야 한다. 하지만 ② 이과를 선택하면 수학은 필수다. 게다가 ③ 물리와 화학도 필수일 때가 있다. 어떤 경우든 ④ 수학 공부는 하기 싫다. 따라서 ⑤ 수학은 수험 과목에서 제외하고 싶다. 그 말은 ⑥ 이과에는 진학할 수 없다는 말이기 때문에 결국 ⑦ 문과로 진학할 수밖에 없다. ⑧ 솔직히 나는 문학적이기도 하다.

어디서부터 논증 도식을 그리기 시작해야 할지 당황스러울 수 있다. 그렇다면 우선 **최종 결론이 무엇인지부터 찾고, 최종 결론 도출에 직접적으로 영향을 미치는 근거를 찾아보자.** 이처럼

최종 결론 도출에 직접적으로 영향을 미치는 논증을 주논증이라고 한다.

이 점을 염두에 두고 다시 예문을 읽어 보면 문장 ⑦이 최종 결론이라는 사실을 알 수 있다. 그리고 결론 ⑦을 도출하기 위해 ① '이과로 진학할지, 문과로 진학할지 결정해야 한다'와 ⑥ '이과에는 진학할 수 없다'를 직접적인 근거로 사용했다. 또한 ⑧ '솔직히 나는 문학적이다'도 근거가 된다. 이 주논증을 논증 도식으로 표현하면 다음과 같다.

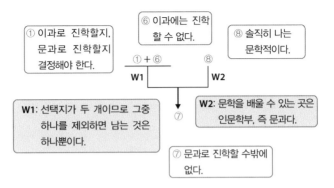

■ 주논증의 논증 도식

주논증이 무엇인지 알았으면 다음은 최종 결론 도출에 사용한 근거 ⑥과 ⑧이 어떠한 근거에서 나왔는지를 생각해 보자. 이처럼

주논증에서 사용한 근거의 근거를 도출하는 부분을 부논증이라고 한다.

'⑧ 솔직히 나는 문학적이다'라는 주장과 '① 이과로 진학할지, 문과로 진학할지 결정해야 한다'라는 주장의 근거를 찾는 논증이 부논증이다. 하지만 ①과 ⑧을 뒷받침하는 근거는 앞서 제시한 예문에 나와 있지 않다.

반면 '⑥ 이과에는 진학할 수 없다'라는 주장의 근거로는 '② 이과를 선택하면 수학은 필수다'와 '⑤ 수학은 수험 과목에서 제외하고 싶다'가 제시되었다. 근거 ②와 ⑤가 서로 결합해서 '⑥ 이과에는 진학할 수 없다'라는 결론을 끌어낸다. 즉, **결합 논증**의 구조로 두 근거가 하나가 되어 ⑥을 도출한다.

또한 왜 '⑤ 수학은 수험 과목에서 제외하고 싶다'라고 생각하는지에 대한 근거는 '④ 수학 공부는 하기 싫다'이고, 이때의 논증은 **단순 논증**이다. 참고로 '③ 물리와 화학도 필수일 때가 있다'라는 주장은 이 예문의 논증과는 직접적인 관계가 없다.

이와 같은 내용을 바탕으로 부논증을 논증 도식으로 나타내면 다음과 같다. 이때 이 도식의 ④에서 시작한 화살표가 ⑤로만 향하고 있다는 점에 주의하자. 이처럼 도출 관계에 있는 근거와 주장 사이에만 화살표를 그릴 수 있다.

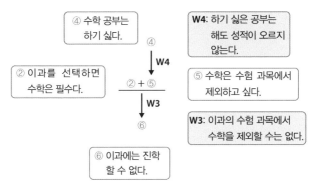

■ **부논증의 논증 도식**

이 도식을 앞의 주논증 도식과 합치면 최종 논증 도식이 완성된다.

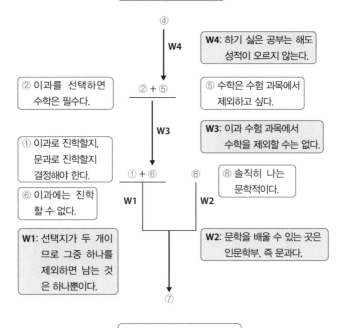

④ 수학 공부는 하기 싫다.

W4: 하기 싫은 공부는 해도 성적이 오르지 않는다.

② 이과를 선택하면 수학은 필수다.

⑤ 수학은 수험 과목에서 제외하고 싶다.

W3: 이과 수험 과목에서 수학을 제외할 수는 없다.

① 이과로 진학할지, 문과로 진학할지 결정해야 한다.

⑧ 솔직히 나는 문학적이다.

⑥ 이과에는 진학할 수 없다.

W1: 선택지가 두 개이므로 그중 하나를 제외하면 남는 것은 하나뿐이다.

W2: 문학을 배울 수 있는 곳은 인문학부, 즉 문과다.

⑦ 문과로 진학할 수밖에 없다.

■ 최종 논증 도식

다음 예문을 읽고 주논증의 논증 도식과 부논증의 논증 도식을 각각 그린 후에 두 논증을 합쳐 전체 논증 도식을 완성해 보자.

① 살아 있는 이상 늙지 않을 수는 없다. 하지만 ② 늙는다는 것에는 좋은 측면도 있다. ③ 건강하게 나이를 먹고 현명한 사고를 할 수 있게 되면서 비로소 깨닫는 마음의 즐거움이 있다. ④ 자유분방한 젊은이들을 보면 내 기분까지 젊어지지만 어딘지 모르게 그들의 모습이 철없어 보이기도 한다. ⑤ 정해진 행동 유형만 반복하기 때문이다. ⑥ 자기 자신이나 타인의 행동 유형은 나이를 먹을수록 눈에 더 잘 들어온다. ⑦ 그렇게 되면 뜻밖의 문제에 휘말리지 않도록, 또는 상대의 입장에서 생각하도록 도울 수 있다. ⑧ 이는 노인에게 주어진 즐거운 책임이기도 하다. ⑨ 영생을 누릴 수 있는 노화 연구가 중요한 것이 아니다. ⑩ 우리가 살아 있는 동안 건강하게 살기 위해 노력해야 한다.

(Michael S. Gazzaniga,『뇌 속의 윤리(脳のなかの倫理)』,
p. 60에서 수정 인용)

연습문제 4-8의 해답

이 글의 최종 결론은 ⑩이고 결론 도출에 직접적으로 영향을 미친 근거는 ⑨다. 그렇다면 어떻게 '⑨ 영생을 누릴 수 있는 노화 연구가 중요한 것이 아니다'라고 주장할 수 있을까? ②와 ③이 결합해 하나의 근거가 되어 ⑨를 뒷받침하고 있기 때문이다. 여기까지가 주논증이고 논증 도식은 다음과 같다.

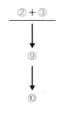

② + ③

⑨

⑩

② 늙는다는 것에는 좋은 측면도 있다.

③ 건강하게 나이를 먹고 현명한 사고를
할 수 있게 되면서 비로소 깨닫는
마음의 즐거움이 있다.

⑨ 영생을 누릴 수 있는 노화 연구가
중요한 것이 아니다.

⑩ 우리가 살아 있는 동안 건강하게 살기
위해 노력해야 한다.

■ 주논증의 논증 도식

다음으로 부논증을 찾아보자. ②와 ③은 어떻게 도출했을까?

'② 늙는다는 것에는 좋은 측면도 있다'는 ③을 조금 더 추상적으로 표현한 주장이므로 ②를 직접적으로 뒷받침하는 근거는 예문에 나와 있지 않다. 그렇다면 '③ 건강하게 나이를 먹고 현명한 사고를 할 수 있게 되면서 비로소 깨닫는 마음의 즐거움이 있다'라고 주장할 수 있는 근거는 무엇일까? 우선 근거 ⑥이 단독으로 ③을 뒷받침한다. 그리고 ⑥과는 별도로 ⑦과 ⑧이 결합해 만들어진 근거도 ③을 뒷받침한다. 따라서 ⑥과 ⑦+⑧이 각각 독립적으로 ③이라는 주장을 도출한다(합류 논증). 이 부논증을 논증 도식으로 나타내면 다음과 같다. 참고로 ①과 ⑤ → ④의 논증은 이 글의 주요 논증과는 직접적으로 관계가 없다.

⑥ 자기 자신이나 타인의 행동 유형은 나이를
먹을수록 눈에 더 잘 들어온다.

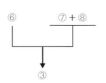

⑦ 그렇게 되면 뜻밖의 문제에 휘말리지
않도록, 또는 상대의 입장에서 생각하
도록 도울 수 있다.

⑧ 이는 노인에게 주어진 즐거운
책임이기도 하다.

③ 건강하게 나이를 먹고 현명한 사고를 할 수 있게 되면서
비로소 깨닫는 마음의 즐거움이 있다.

■ 부논증의 논증 도식

COLUMN

크리틱

'비평'이라는 말을 들으면 '잘못을 지적한다'라는 부정적인 뉘
앙스가 느껴진다. 그래서 중립적인 의미를 나타내기 위해 '비평'
대신 '크리틱'이라는 말을 쓰기도 한다. 프랑스어인 'critique'은 '비
평, 논평'을 의미한다.

글이나 논의 내용을 단순히 읽기만 하지 말고 크리틱한 다음,
크리틱한 내용을 바탕으로 새로운 문제를 제기해서 다시 논의하
면 더 건설적인 방향으로 논의를 진행할 수 있다. 그리고 논증 도
식을 활용하면 보다 효과적으로 크리틱을 할 수 있다. 글이나 논의
내용을 논증 도식으로 나타내면 어느 부분에 크리틱이 필요한지
한눈에 알 수 있다.

주논증과 부논증을 합친 논증 도식은 다음과 같다. 앞의 도식에서는 생략했지만 전체 도식에는 논거(W1~W4)도 표시했다.

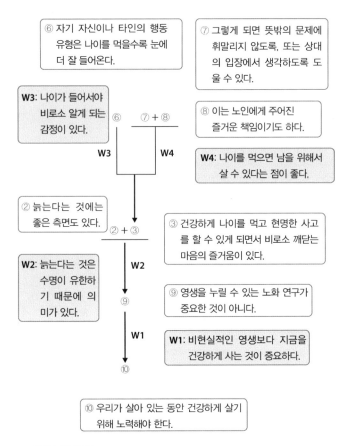

⑥ 자기 자신이나 타인의 행동 유형은 나이를 먹을수록 눈에 더 잘 들어온다.

W3: 나이가 들어서야 비로소 알게 되는 감정이 있다.

⑦ 그렇게 되면 뜻밖의 문제에 휘말리지 않도록, 또는 상대의 입장에서 생각하도록 도울 수 있다.

⑧ 이는 노인에게 주어진 즐거운 책임이기도 하다.

W4: 나이를 먹으면 남을 위해서 살 수 있다는 점이 좋다.

② 늙는다는 것에는 좋은 측면도 있다.

W2: 늙는다는 것은 수명이 유한하기 때문에 의미가 있다.

③ 건강하게 나이를 먹고 현명한 사고를 할 수 있게 되면서 비로소 깨닫는 마음의 즐거움이 있다.

⑨ 영생을 누릴 수 있는 노화 연구가 중요한 것이 아니다.

W1: 비현실적인 영생보다 지금을 건강하게 사는 것이 중요하다.

⑩ 우리가 살아 있는 동안 건강하게 살기 위해 노력해야 한다.

■ 최종 논증 도식

4-10　근거의 적절성

이 책에서 주장하는 논리적 사고란

**논리적 사고를 의식하지 못했던 상태에서 한 처음 생각을
논증을 중심으로 돌아보며 재구축하는 것**

을 의미한다. 따라서 논증 도식을 그리는 작업은 일단 제시된 글이나 논의 내용에 포함된 생각을 논증 단위로 하나하나 되짚어가며 재구성하는 일과 같다. 논리적 사고를 위한 훈련인 셈이다. 다만 논증 도식이 논리적 사고의 완성은 아니다. 논증 도식은 목표가 아니라

논리적 사고의 출발점이다.

추정한 논거를 집어넣어 논증 도식을 그리면 ⑴ 각 논증의 도출 과정이 적절했는지 평가·검토할 수 있고, 동시에 ⑵ 논증 간의 관계가 적절한지도 평가·검토할 수 있다. 그리고 이를 통해 ⑶ 새로운 논의 사항이나 문제 제기의 단서를 얻을 수 있다. 여기까지 해야 비로소 논증을 중심으로 논리적 사고를 했다고 말할 수 있다.

다만 여기서 한 가지 명심해야 할 사항이 있다.

근거의 적절성 평가와 도출의 적절성 평가는 별개의 문제

라는 점이다. 논증을 중심으로 생각을 재구성할 때는 근거의 적절성

을 어떻게 판단할지가 중요하다. 도출의 적절성은 논리적 규칙에 따라 어느 정도 판단할 수 있지만, 근거의 적절성은 논리로 판단할 수 있는 문제가 아니다.

근거나 경험적 사실의 적절성을 확인하려면 어떻게 해야 할까? 안타깝게도 이 문제는 이 책에서 설명하는 범위를 뛰어넘는 이야기이므로 더 깊이 들어갈 수는 없다. 근거의 구체적 내용과 그 내용의 적절성 수준은 해당 전문 분야가 담당하는 영역이기 때문이다.

예컨대 심리학 문제에 관해 논증할 때 사용되는 근거는 심리학 연구를 통해 얻은 결과나 결론일 것이다. 따라서 이때 근거의 적절성을 판단하려면 심리학 분야의 기준을 따라야 한다. 또한 기준의 옳고 그름에 관한 판단은 해당 분야의 전문가 의견에 따를 수밖에 없다.

따라서 근거의 적절성은 논증 구조와는 별개의 문제로 다뤄야 한다.

다만 해당 분야의 문외한이라도 최소한 근거로 제시한 사실을 어떻게 얻었는지 설명하는 **과정**은 주의 깊게 살펴야 한다. 데이터의 수집 방법은 분야에 따라 고유성이 있어서 일률적으로 정의할 수 없지만, 보통 일반 과학은 관찰과 조사, 실험을 통해 데이터(근거)를 모으는 과정에서 방법과 절차를 상세하게 기록해 둔다. 대상이 같아도 데이터의 수집 방법이 다르면 결과가 달라지기 때문이다.

따라서 논증을 시작하기 전에 먼저 당신이 몸담은 분야는 어떻게 사실을 확인하고, 어떤 과정을 거쳐 데이터를 모으는지 반드시 확인하자.

제4장

4-11 윤리적 문제의 논증 모델

몇 년 전에 일본 NHK에서 〈마이클 샌델(Michael Sandel) 교수의 하버드 백열 교실〉이라는 프로그램이 방영되었다. '도덕'과 관련한 윤리 문제를 논의하는 프로그램이었다.

이 프로그램에 다음과 같은 사례가 등장했다.

자신이 브레이크가 고장 난 열차를 몰고 있는 기관사라고 합시다. 그런데 앞쪽 선로에 다섯 명의 사람이 작업을 하고 있고, 이대로 멈추지 않으면 작업자들이 모두 열차에 치이게 될 상황이 발생했습니다. 다만 그 전에 분기점이 있어서 열차의 진행 방향을 바꿀 수 있습니다. 하지만 바꿀 선로에도 한 사람이 작업을 하고 있습니다. 진행 방향을 바꾸면 이번에는 그 작업자가 열차에 치이게 됩니다. 당신이 이런 상황에 직면했다면 어떻게 하겠습니까?

이 질문의 선택지는 단 두 가지, 다섯 명을 희생시킬 것인지, 아니면 한 명을 희생시킬 것인지다.

지금까지 이 책에서 설명한 논증 모델을 적용하면

진행 방향을 바꿔서 한 명을 희생시키고 다섯 명을 살린다

라는 행동 결과를 근거 또는 사실로 삼아

더 많은 사람의 목숨을 구해야 한다

라는 결론을 낼 수 있다. 이 논증은 '~한다'라는 사실에서 '~을 해야 한다'라는 결론을 도출했다. 이처럼 윤리적인 문제는 기본적으로 특정 사실을 근거로 가치 판단을 끌어낸다. 철학자 데이비드 흄(David Hume)이 처음으로 이 문제를 제기한 이후 사실을 바탕으로 '~을 해야 한다'라는 결론을 논리적으로 끌어낼 수 있는가에 관한 논의가 전문가 사이에서 계속되어 왔다. 현시점에서는 사실에서 가치를 끌어낼 수 없다는 의견이 지배적이지만, 윤리적인 문제를 논리적으로 풀려는 시도는 여전히 도전의 영역으로 남아 있다(三浦, 2000).

제5장

가설 연역법

> 제3장에서 연역과 귀납이라는 다른 유형의 두 가지 논증법에 관해 설명했다. 두 논증법을 조합하면 가설을 세워서 논증을 검증할 수 있다. 주로 과학 연구에서 많이 사용하는 이 논증법을 가설 연역법이라고 한다. 제5장에서는 가설 연역법에 대해 자세하게 살펴보자.

5-1 가설이란

한 대기업 연구원에게 회사 업무에서도 가설을 세우는 일이 중요하다는 말을 들은 적이 있다. 업무적으로 생긴 문제를 해결해야 할 때 무조건 떠오르는 대로 이것저것 시도해 보는 것이 아니라

**가설을 세우고
그것을 검증하는 것이 중요**

하다는 말이다. 업무를 더 효율적으로 추진하기 위한 지혜이기도 하다.

제5장에서는 가설을 활용하는 방법의 하나로 과학 연구에 흔히 사용하는 가설 연역법(hypothetical deductive method)에 관해 이야기해 보자. 가설 연역법의 핵심은 가설과 가설의 검증 실험이다. 이 부분을 인지심리학의 사례를 통해 살펴보자.

가설은

특정 사실이나 현상을 설명하기 위해 하는 생각

이다. 옳다고 판단되는 **가**(仮)정을 임시로 **설**(説)정해 두는 것을 말한다. 따라서 실제로 옳은지 그른지는 나중에 검증을 해 봐야 알 수 있다. 일반적으로 가설은 귀납적 논증(매거 논증)을 통해 세운다.

가설 연역법: 귀납과 연역의 최적 조합

가설 연역법은 귀납과 연역이라는 두 가지 논증법을 조합해서 사용한다. 조합하는 과정을 순서대로 살펴보자.

참고로 한 가지 미리 알아 두어야 할 사항이 있다. 가설 연역법에서 말하는 '연역'은 엄밀히 따지면 논리학에서 말하는 연역이 아니다. 연역은 전제에서 비약 없이 결론을 도출한다. 도출을 위한 보조적 가설이나 가정은 전혀 필요하지 않다. 하지만 가설 연역법은 전제에서 결론을 도출할 때 **보조적 가설이나 가정**이 필요하다. 즉, 가설 연역법에서 말하는 연역에는 귀납적 논증의 논거와 같은 것이 필요하다. 이 점을 미리 염두에 두기 바란다.

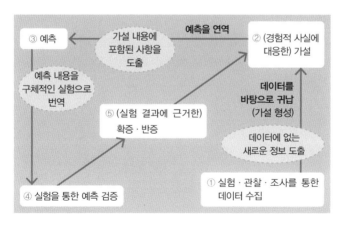

■ **가설 연역법의 사고 흐름**

5-2-1 1단계: 데이터를 바탕으로 가설 세우기

가설 연역법의 흐름을 순서에 따라 차례대로 살펴보자. 우선 그림 '가설 연역법의 사고 흐름' 중 오른쪽 아래의 ①에서 오른쪽 위의 ②로 이동하는 부분을 보자. 데이터 수집 과정에 대한 설명은 생략하기로 하고, 먼저 ①에서 다양한 방법으로 데이터를 모은다. 그다음 모은 데이터를 바탕으로 3-5-1에서 설명한 **매거 논증을 이용해 가설을 세운다**(②). 여기서 말하는 가설은 특정 현상이나 사실을 설명하기 위해 설정하는 잠정적인 해답이다.

가설은 처음에 모은 자료에서 귀납적으로 도출하기 때문에

원래 자료에는 없는 정보

가 포함된다. 따라서 가설 연역법에서 데이터를 바탕으로 가설을 세우는 것은 전제에 비약을 더해 결론을 도출하는 것과 같다. 비약이 더해지므로 당연히 진리보존적이지 않다. 3-6에서 설명했듯이 귀납적 논증에서는 원래 데이터보다 정보량이 늘어난다. 가설 연역법은 귀납적 논증의 이 특징을 이용한 논증법이다.

5-2-2 2단계: 가설에서 예측 연역하기

다음으로 ②에서 ③으로 이동하는 부분을 보자. 가설을 형성했으면 이번에는 그 **가설이 타당한지를 알아보기 위해 가설에서 예측을 연역한다.** 다시 말해

'그 가설이 만약 타당하다면
그 가설에 맞는 이러이러한 구체적인 사실을 관찰할 수 있을 것이다.'

라고 예측해 본다. 이때 예측 내용은 가설에서 연역하기 때문에 진리 보존적이다.

예측과 같이 번거로운 과정을 거치지 말고 가설의 내용을 직접 검증하면 되지 않느냐고 생각할 수도 있지만 그렇게 간단한 문제가 아니다. 일반적으로 가설은 상당히 추상적인 단어로 표현되기 때문에 가설의 내용이 타당한지를 직접 확인하는 일은 쉽지 않다.

예를 들어 '이 미국인은 한자를 안다'라는 가설을 세웠다고 하자. 하지만 '안다'라는 표현이 추상적이기 때문에 대신 '한자를 안다면 읽고 쓰는 구체적인 행동을 할 수 있을 것'이라는 예측을 할 수밖에 없다. 그다음 실제로 그 미국인에게 읽고 쓰기를 시켜 보면 예측이 옳았는지를 알 수 있다. 이때 실제로 읽고 쓰기를 시키는 행동이 실험에 해당한다.

'안다'와 같은 추상적 표현은 그 자체로는 현실 세계에 존재하는 어떤 현상과 대응하는지 바로 알 수 없다. 그래서 '읽고 쓸 수 있다'와 같이 **구체적으로 경험할 수 있는 내용**으로 번역해야 한다. 즉, 가설을 구체적인 실험(읽고 쓰기 테스트 등)으로 검증하려면 가설에서 예측을 끌어내는 단계가 필요하고, 이때

**예측의 내용은
경험적 사실에 대응해야 한다.**

5-2-3 3단계: 예측 내용을 실험으로 검증하기

다음으로 예측한 내용이 맞는지 확인하기 위해 구체적으로 표현한 예측 내용을 실험으로 확인한다(그림의 ①). 실험은 예측한 내용이 맞는지를 확인하는 과정이므로 실험의 세부적인 절차는 예측 내용과

일대일로 대응해야 한다. 또한 실험은 실험 참가자가 예측 내용을 구체적인 행동으로 보여 줄 수 있도록 고안한다. 이 실험을 통해 경험적 사실과 예측한 내용이 일치하는지 확인한다.

5-2-4 4단계: 실험 결과를 통해 예측이 맞는지 검토하기

가설 연역법의 마지막 단계에서는 예측 내용을 확인할 목적으로 시행한 실험의 결과를 보고 예측을 확증으로 볼지, 반증으로 볼지 결정한다.

다시 말해 실험 결과를 보고 처음에 해당 예측을 하게 만든 가설이 확증인지 반증인지를 판단한다. 참고로 가설이 타당한지를 확인하는 것을 **검증**이라고 한다. 이때 예측과 실험 · 관찰 결과가 일치하지 않으면 **가설이 기각되었다**, 또는 **반증되었다**고 말한다.

5-2-5 가설 연역법의 정리

정리하자면 가설 연역법은 **귀납적 논증**으로 가설을 세우고(① → ②), **연역적 논증**으로 예측을 도출해서(② → ③), 실험 · 관찰한 결과를 바탕으로 가설의 타당성을 다시 한번 **귀납적 논증**을 통해 결정하는 논증법이다(④ → ⑤ → ②). '가설 연역법'이라는 이름은 '귀납 → 연역 → 귀납'이라는 구조에서 유래한 것이다.

5-3 가설 연역법의 구체적인 사례

가설 연역법의 기본 구조를 이해했다면 구체적인 사례를 적용해 가설 연역법을 더 자세히 알아보자. 여기서는 추상도가 각기 다른 가설, 예측, 실험이라는 세 가지 개념이 서로 대응할 수 있도록 번역 관계를 구축하는 부분을 중심으로 생각해 보자. 여기서 말하는 '번역'이란 가설에서 예측, 예측에서 실험이라는 순서로 각각을 연역하는 것을 의미한다. 이 연역적 논증을 심리학적 사례를 통해 구체적으로 살펴보자.

5-3-1 1단계: 구체적인 사례의 데이터를 바탕으로 가설 세우기

우선 사전에 필요한 데이터를 수집하는 과정은 생략하기로 한다. 예를 들어 당신이 자기 경험에 비추어 '컴퓨터로 글을 쓰는 일과 컴퓨터로 그래픽 디자인을 하는 일은 업무 효율이 다르다(근거 ①)'라고 생각한다고 하자. 또한 당신은 '글 쓰는 일은 언어를 사용하는 일이고, 디자인은 눈을 사용하는 일이다. 언어는 뇌의 좌반구, 시각은 우반구에서 처리된다(근거 ②)'라는 사실도 알고 있다.

그래서 근거 ①과 ②에 귀납적 비약을 더해서

언어적 처리와 공간적 처리는 각각 독립적으로 움직인다

라는 가설을 세웠다고 하자. 이때 전제인 근거 ①과 ②가 '참'이라고 해도 가설의 내용이 반드시 '참'이 되지는 않는다. 따라서 이 가설은 검증할 필요가 있다. 이 부분이 5-2에서 설명한 '1단계: 데이터를 바탕으로 가설 세우기'에 해당한다.

근거 ①: 컴퓨터로 글을 쓰는 일과 컴퓨터로 그래픽 디자인을 하는 일은
업무 효율이 다르다.

근거 ②: 글 쓰는 일은 언어를 사용하는 일이고, 디자인은 눈을 사용하는
일이다. 언어는 뇌의 좌반구, 시각은 우반구에서 처리된다.

가   설: 언어적 처리와 공간적 처리는 각각 독립적으로 움직인다.

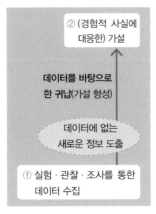

근거 ①: 컴퓨터로 글을 쓰는 일과 컴
퓨터로 그래픽 디자인을 하
는 일은 업무 효율이 다르다.

근거 ②: 글 쓰는 일은 언어를 사용
하는 일이고, 디자인은 눈을
사용하는 일이다. 언어는 뇌
의 좌반구, 시각은 우반구에
서 처리된다.

데이터를 바탕으로
가설 세우기

가설: 언어적 처리와 공간적 처리는
각각 독립적으로 움직인다.

■ 1단계: 데이터를 바탕으로 가설 세우기

5-3-2 2단계: 구체적인 사례의 가설에서 예측 연역하기

다음으로 '2단계: 가설에서 예측 연역하기'를 살펴보자. 앞에서 세
운 가설에 근거해 예측을 끌어내는 단계다.

그전에 먼저 가설 단계에서 쓰인 예문의 의미에 관해서 보충 설명
을 하자면 '언어적 처리와 공간적 처리는 각각 독립적으로 움직인다'
라는 가설에서 '언어적 처리'란 컴퓨터로 글을 쓰는 것을 포함해 읽
고, 쓰고, 듣고, 말하는, 즉 언어와 관련된 모든 행위를 의미한다.

그리고 '공간적 처리'는 다음과 같은 행위를 말한다. "당신의 집에 몇 개의 창문이 있습니까?"라는 질문을 받았을 때 "다섯 개가 있습니다"라고 바로 대답할 수 있는 사람은 없다. 우리의 머릿속에 집의 창문 개수가 언어적으로 저장되어 있지 않기 때문이다. 하지만 그렇다고 해서 자기 집 창문 개수를 모르지는 않는다. 실제로 해 보면 바로 알겠지만, 이 질문에 대답하려면 우선 집을 시각적, 공간적 이미지로 떠올리고 순서대로 각 방에 있는 창문을 세어 보면 된다. 이때 눈앞에 실제 창문이 있지는 않지만 시각적으로 창문의 모습을 떠올리며 집 안의 공간을 실제로 이동하듯이 이미지를 조정할 수 있다. 이런 행위가 '공간적 처리'에 해당한다.

컴퓨터로 글을 쓰는 일과 자기 집 창문의 개수를 대답하는 일이 심리적으로 별개의 일이며, 각각 서로에게 영향을 미치지 않고 기능한다면 '언어적 처리와 공간적 처리는 각각 독립적으로 움직인다'라고 말할 수 있다.

다시 본론으로 돌아와서 이 가설이 타당한지를 검증하려면 이 가설에서 어떤 예측을 연역해야 할까? 이 질문을 문제 1(가설에서 예측 연역하기)이라고 하자. 당신이라면 어떤 예측을 하겠는가? 예를 들면 다음과 같은 예측이 가능하다.

예측: ① 언어를 사용하는 작업을 할 때, ② 똑같이 언어를 사용하는 또 다른 작업을 하면 ① 언어를 사용하는 작업을 할 때, ③ 공간적 작업을 하는 것보다 결과가 나쁠 것이다.

(高野, 2004)

예측:

① 언어를 사용하는 작업을 할 때,

② 똑같이 언어를 사용하는 또 다른 작업을 하면

① 언어를 사용하는 작업을 할 때,

③ 공간적 작업을 하는 것보다 결과가 나쁠 것이다.

■ 2단계: 가설에서 예측 연역하기

5-3-3 예측을 도출하기 위한 보조 가설

앞에서 한 예측은 쉽게 말해 '비슷한 일 두 가지를 동시에 할 때가 성질이 다른 두 가지 일을 할 때보다 효율이 낮을 것'이라는 의미다. 그러나 이 예측은 '언어적 처리와 공간적 처리는 각각 독립적으로 움직인다'라는 가설만으로는 연역할 수 없다. 이 부분이 엄밀히 말해 논리학에서 말하는 연역과 가설 연역법에서 말하는 연역의 다른 점이다. 따라서 앞에서 한 예측을 도출하려면 또 다른 가설이 필요하고, 이 가설을 보조 가설이라고 한다.

그렇다면 이제 가설에서 예측을 연역할 때 필요한 보조 가설이 무엇인지 생각해야 한다. 이것을 문제 2(가설 연역을 위한 보조 가설)라고 하자. 당신이라면 어떤 보조 가설을 도출하겠는가? 예측을 연역할 때 필요한 보조 가설로는 다음과 같은 예를 생각해 볼 수 있다.

> **보조 가설 1**: 언어 처리와 공간 처리를 위해 특화된 자원이 있다.
>
> **보조 가설 2**: 언어 처리와 공간 처리를 위한 각 자원의 양은 한정되어 있다.
>
> **보조 가설 3**: 언어 처리와 공간 처리가 독립적이라는 말은 언어 처리는 공간 처리(또는 그 반대의 경우)의 영향을 받지 않는다는 뜻이다.

이와 같은 보조 가설이 없으면 가설에서 예측을 연역할 수 없다. 따라서 어떤 의미에서는

가설에 처음부터 보조 가설의 내용이 포함되어 있다

고도 볼 수 있다. 하지만 보조 가설을 명시하지 않으면 연역이라고 해도 일종의 비약이 생긴다. 또한 예측을 연역한다고 생각할 때는 깨닫지 못했겠지만, 나중에 돌이켜 생각해 보면 암묵적으로 이러저러한 내용이 전제로 깔려 있었던 일도 있을 것이다. 따라서 나중에 알게 된 내용도 반드시 보조 가설로 추가해 두어야 한다.

5-3-4 3단계: 구체적 사례의 예측 내용을 실험으로 검증하기

보조 가설까지 세워야만 비로소 실험을 통해 예측을 검증할 때 어떤 방법이 필요한지를 생각할 수 있다. 이 부분이 가설 연역법의 3단계 '예측 내용을 실험으로 검증하기'에 해당한다. 이를 문제 3(실험을 통한 예측 검증하기)이라고 하자. 문제 3에 관해서는 다음과 같은 답을 생각해 볼 수 있다.

실험 1: (a) 영어를 한국어로 번역하는 동안 (b) 동시에 입체 전개도를 보여 주고 조립 후의 완성도를 고르게 한다. (간섭 없음)

실험 2: 영어를 한국어로 번역하는 동안 (c) 음성으로 들려준 이야기를 기억해서 다시 말하게 한다. (간섭 있음)

③ 예측

예측 내용을 구체적인 실험으로 번역

④ 실험을 통한 예측 검증

실험 1: (a) 영어를 한국어로 번역하는 동안 (b) 동시에 입체 전개도를 보여 주고 조립 후의 완성도를 고르게 한다. (간섭 없음)

실험 2: 영어를 한국어로 번역하는 동안 (c) 음성으로 들려준 이야기를 기억해서 다시 말하게 한다. (간섭 있음)

■ **3단계: 예측 내용을 실험으로 검증하기**

이때 만일을 위해 실험으로 예측 내용을 확인할 수 있는지 서로 대응시켜 보자. 예측은 다음과 같았다.

예측: ① 언어를 사용하는 작업을 할 때, ② 똑같이 언어를 사용하는 또 다른 작업을 하면 ① 언어를 사용하는 작업을 할 때, ③ 공간적 작업을 하는 것보다 결과가 나쁠 것이다.

우선 예측의 ①번 부분은 '(a) 영어를 한국어로 번역하는 작업'과 대응한다. 그리고 예측의 ②번은 실험에서 '(c) 음성으로 들려준 이야기를 기억해서 다시 말하게 한다'와 대응한다. 또한 예측의 ③번 내용은 실험에서 '(b) 입체 전개도를 보여 주고 조립 후의 완성도를 고르게 한다'와 대응한다. 그다음에 실험 1과 2의 평가 결과를 비교하면 예측을 검증할 수 있다.

5-3-5 실험 보조 가설

마지막으로 '이 실험에 필요한 실험 보조 가설은 무엇인가?'라는
문제가 남아 있다. 실험 보조 가설은

실험에 사용한 구체적인 절차가

가설 속에 포함된 추상적 내용에

타당하고 정확하게 대응한다고 설정하는 가정

을 의미한다. 실험 자체가 성립하려면 실험을 근본적으로 지탱하는
가설이 필요하다. 이 가설을 문제 4(실험 보조 가설)라고 하면 문제 4의
답은 다음과 같다.

실험 보조 가설 1: 전개도 조립은 언어 처리에 해당하지 않는다. 순수한
공간 처리다.

실험 보조 가설 2: 어떠한 일에 일정량의 자원을 사용하면 남은 자원의
양은 '전체 자원 – 사용 중인 일정량'이다.

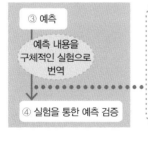

■ **실험 보조 가설**

실험 보조 가설은 언뜻 보면 굳이 언급할 필요가 없는 명백한 논리처럼 보일지 모르지만, 이 가설이 없으면 실험 결과 자체가 무의미해진다.

5-3-6 가설 연역법의 실전 정리

실제로 가설 연역법을 사용할 때는 가설 연역법의 기본 틀 속에 세부적인 절차로서

- **문제 1**: 가설에서 예측 연역하기
- **문제 2**: 가설 연역을 위한 보조 가설
- **문제 3**: 실험을 통한 예측 검증하기
- **문제 4**: 실험 보조 가설

이 포함된다. 그리고 각 단계에서 연역적 논증을 할 때는 해당 단계에 명문화되어 있지 않은, 즉 숨어 있는 보조 가설도 추가로 생각해야 한다. 논리적 사고에서는 연역을 성립시키기 위한 보조 가설을 생각하는 일이 매우 중요하다.

그리고 마지막 4단계에서 실험 결과를 통해 예측이 타당한지를 검토한다. 여기서 언급한 실험 사례에서는 다음 두 가지 사항을 통계적으로 비교한다.

- ① 번역하는 동안에 ② 전개도를 완성하게 했을 때(간섭 없음)의 성적과 소요 시간
- ① 번역하는 동안에 ③ 음성으로 들려준 이야기를 기억해서 다시 말하게 했을 때(간섭 있음)의 성적과 소요 시간

절차에 관한 상세한 설명은 생략하지만 비교 결과 둘의 통계적 차이가 크다면 예측이 맞았다고 볼 수 있고, 예측이 맞았다면 가설이 증명되었다는 말이다.

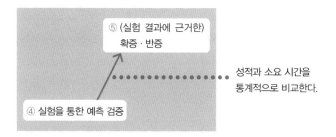

■ 4단계: 실험 결과를 통해 예측이 맞는지 검토하기

5-4 가설 연역법의 오류와 유효성

가설 연역법은 어떤 논증 구조로 되어 있을까? 가설이 세워지면 그 가설을 바탕으로 예측을 연역한다. 그다음 예측의 내용을 구체적으로 표현해서 그것이 맞는지를 실험으로 확인한다. 이때 논증의 구조는 다음과 같다.

> 만약 가설 P가 타당하면 결과는 Q가 될 것이다.
> 그리고 결과가 Q였다. 따라서 가설 P는 타당하다.

우리는 대부분 이런 식으로 생각하지만, 사실 여기에는 논리적 오류가 있다. 같은 구조를 가진 구체적인 예문을 통해 확인해 보자.

> 만약 그 동물이 돌고래라면(P), 그 동물은 포유류다(Q).
> 그 동물은 포유류(Q)였다. 따라서 그 동물은 돌고래다(P).

실제로 그 동물이 포유류였다고 해도 포유류에는 돌고래 외에도 다양한 동물이 있으니 반드시 돌고래라고 결론지을 수 없다. 따라서 이 논증은 타당하지 않다. 이와 같은 현상을 후건 긍정의 오류라고 하며 가설 연역법은 이런 논리적 오류를 범하게 된다.

더 자세한 설명은 제6장에서 하겠지만 후건 긍정, 그리고 후건 긍정과 대비를 이루는 전건 긍정의 추론 형식은 각각 다음과 같다.

> **후건 긍정**: P라면 Q다. Q다. 따라서 P다.
> **전건 긍정**: P라면 Q다. P다. 따라서 Q다.

'P라면 Q다'의 앞부분인 'P라면'을 전건이라고 하고, 뒷부분인 'Q다'를 후건이라고 한다. 후건인 'Q다'를 긍정해서 '따라서 P다'라는 결론을 도출하기 때문에 '후건 긍정'이라고 한다.

여기서 5-4의 처음 부분에 제시했던 논증을 다시 보면 후건 긍정의 형태라는 사실을 알 수 있다. 그런데 후건 긍정은 반드시 타당하다고 할 수는 없다. 그렇다면 어째서 후건 긍정의 오류를 범할 수 있는 가설 연역법이 과학 연구에 널리 쓰이는 걸까? 철학자 미우라 도시히코(三浦俊彦)는 그의 저서에서 가설 연역법이 유효성을 가지는 이유를 두 가지로 설명했다. 첫 번째는 결과 Q가 가설 P를 참이라고 생각하지 않는 한 도저히 일어날 수 없는 현상일 때 사실상 'P가 아니면 Q가 아니다'라고 가정할 수밖에 없기 때문이다. 이 명제의 대우(對偶)는 'Q이면 P다'가 되고, 전건 긍정 법칙에 따라 P가 결론이 된다. 제6장에서 자세히 설명하겠지만, '대우'는 'P이면 Q인 것은 Q가 아니면 P가 아니다'와 같은 의미다.

두 번째 이유는 다음과 같다. 일반적으로 과학 분야에서는 가설 연역법이 한 번만 쓰이는 것이 아니라 실험을 여러 번 반복하면서 같은 유형의 논증을 몇 번이고 되풀이한다. 후건 긍정의 논증은 한 번으로는 신뢰성이 높지 않지만 여러 번 반복할수록 가정(가설)의 신뢰성이 높아진다. 예측이 여러 번 들어맞는 일은 그 가설이 참이 아니면 일어나기 어렵다.

또한 성질이 다른 각각의 예측이 관측을 통해 사실(결과)로 증명되면 결국 성립하는 가설은 P밖에 없다는 형태로 각 관측 사실(결과)의 충분조건이 채워지기도 한다(三浦, 2000).

이상의 이유로 논리적 오류를 포함한 가설 연역법이 과학 연구에 유효한 절차로 널리 사용되는 것이다.

5-5 귀납·연역 논증 연속체

제3장에서 연역적 논증과 귀납적 논증은 다른 유형의 논증이라고 설명했었다. 각자 개별적인 논증이라고 설명하며 둘 사이에 선을 그었다. 하지만 사실 그 선은 절대적이지 않다.

귀납적 논증에서 논거가 하는 역할에 주목해서 두 논증법을 비교 검토하다 보면 다음과 같은 생각을 하게 된다. 보조 논거를 자세하게 추가하면 귀납적 논증의 전제와 결론 사이에 생기는 비약의 폭이 점점 줄어들지 않을까?

그래서 연역과 귀납 사이에 명확한 선을 그어 둘로 나누지 않고

모든 임의의 논증은 귀납적 논증에서 연역적 논증으로 변하는
귀납 · 연역 논증 **연속체의 어딘가에 위치하지 않을까?**

라는 생각이 등장했다. 연속체의 한쪽 끝에 전형적인 귀납적 논증이 있고, 다른 한쪽 끝에 전형적인 연역적 논증이 있다고 생각하는 것이다. 이 생각에 따르면 '귀납에 가까운 연역'이나 '연역에 가까운 귀납'이라는 표현이 가능하다.

■ 귀납 · 연역 논증 연속체

이쯤에서 4-7-4에서 소개했던 논증을 다시 한번 떠올려 보자.

근거: 제리는 맨해튼 출신이다.

결론: 그렇다면 그는 뉴욕 억양으로 영어를 할 것이다.

이 논증에서 필요한 주요 논거는 두 가지다.

① 맨해튼 출신인 사람은 뉴욕 억양으로 말한다.
② 사람은 출신 지역의 억양을 학습한다.

주요 논거로 가설 ①과 ②를 세우고 다음의 논거가 ①과 ②를 뒷받침한다. 참고로 제삼의 논거는 주로 논거를 보조하는 역할을 하기 때문에 보조 논거라고 부르기로 했었다.

③ 사람은 일반적으로 특정 억양을 습득할 때까지 태어난 지역에서 산다.

이 논증 예문을 통해 숨겨진 논증을 차례대로 명확하게 정리하면 결론이 더 강력한 타당성을 갖게 된다는 사실을 알 수 있다. 근거에서 결론으로 갈 때 비약이 전혀 없을 수는 없지만, 보조 논거가 추가될 때마다 비약의 정도가 약해진다. 귀납적 논증에서는 전제인 근거에 없는 내용과 정보를 결론에 덧붙인다. 따라서 결론이 반드시 타당하다고는 할 수 없다. 하지만 어떤 의미에서는 타당한 논증으로 볼 수도 있다. **암묵적인 논거를 친절하게 명시해 주는 과정을 거치면 귀**

납적 논증도 타당성을 갖출 수 있다. 바꿔 말하면 귀납적 논증도 점점 연역적 논증에 가까워질 수 있다.

미우라(2000)는 그의 저서 『논리학입문(論理學入門)』에서 '귀납적 확률이 100%인 귀납적 논증이 연역적 논증이며, 연역의 체계를 다룬 논리학은 귀납법의 특수한 경우를 연구하는 학문이다'라고 언급했다(p. 107). 또한 '언제든 숨겨진 전제를 찾아 귀납적 추론을 보완해서 연역적 추론으로 바꿀 수 있다. 이런 시점에서 보면 완전한 귀납이라는 것은 존재하지 않는다. 귀납적 추론은 연역적 추론의 일부를 생략한 불완전한 표현에 지나지 않는다'라고도 주장했다(p. 109). 여기서 말하는 '숨겨진 전제'가 이 책에서 말하는 논거 또는 보조 논거다. 논거(숨겨진 전제)가 없으면 근거에서 결론을 도출할 수 없으니 이 둘이 대응한다는 사실을 알 수 있다.

제6장

논증을 통해
추론의 오류 찾기

인간은 오류를 범하는 동물이다. 논증을 할 때는 물론 무언가를 인지할 때
도 다양한 오류를 범한다. 제6장과 제7장에서는 ① 인간의 논증 방식이나
② 인지 방식과의 관계를 중심으로 우리가 데이터를 수집할 때나 논증·추
론을 할 때 범하기 쉬운 오류를 살펴보자. 논증하는 행위 자체가 인지 처리
의 일부이므로 인지 방식과 논증 방식은 어디까지나 편의상 구분하는 것임
을 염두에 두고, 먼저 제6장에서 논증이라는 사고 프로세스 안에서 발생하
는 오류를 살펴보자.

우리는 평소에 논리적으로 생각하기보다는 그냥 직감적으로 떠오르는 생각을 한다. 직감적으로 생각하는 편이 편하기도 하고 결론도 빨리 내릴 수 있다. 물론 그렇다고 해서 무언가를 생각할 때 전부 직감에만 의존하는 것은 아니지만 일반적으로 그것이 자연스럽다.

하지만 논리적인 생각을 할 때는 직감이 방해 요소가 되기도 한다. 제6장에서는 직감이 어떤 식으로 논리적 사고를 방해하는지 사례를 통해서 살펴보자.

6-1 전건 긍정(타당한 결론 도출)

추론상의 잘못, 즉 오류에 관해 이야기하기 전에 타당한 논증에 대해서 먼저 짚고 넘어가자. 우선 전건 긍정(affirming the antecedent) 또는 긍정식은 논증의 여러 방식 중 하나이며 타당한 결론을 도출한다. 전건 긍정의 구조는 다음과 같다.

P라면 Q다. P다. 따라서 Q다.

여기서 'P라면'이 전건(前件)이고, 'Q다'가 후건(後件)이다. 이 예문에서 굵은 글씨로 표시된 부분을 다시 한번 살펴보면 'P다'라고 전건을 긍정했다. 이와 같은 구조의 논증을 '전건 긍정'이라고 한다. 참고로 이런 구조의 추론을 전건 긍정의 삼단논법이라고도 한다. 삼단논법은 두 가지 전제에서 하나의 결론을 도출하는 논법이다.

전건 긍정의 논증은 반드시 타당한 결론을 도출하며 우리가 일반적으로 하는 생각, 즉 직감적인 생각과도 일치한다. 구체적인 예문은 다음과 같다.

> 만약 그 동물이 돌고래라면 그 동물은 포유류다. 그 동물은 돌고래다. 따라서 포유류다.

> 졸업 논문만 통과되면 졸업할 수 있다. 졸업 논문이 통과됐다. 따라서 졸업할 수 있다.

6-2 후건 부정(타당한 결론 도출)

후건 부정(denying the consequent)의 추론 구조는 다음과 같다.

> P라면 Q다. Q가 아니다. 따라서 P가 아니다.

이번에는 'Q가 아니다'라며 후건을 부정했다. 이 논증 또한 타당한 결론을 도출하기는 하지만 우리에게 그다지 익숙한 논법은 아니다. 부정형이 반복되면 이야기가 복잡하게 느껴질 수 있어서 보통은 이런 표현을 잘 쓰지 않는다. 그래서 후건 부정을 오류라고 판단할 때도 많다.

구체적인 예문을 살펴보자.

만약 그 동물이 돌고래라면 그 동물은 포유류다. 그 동물은 포유류가 아니다. 따라서 그 동물은 돌고래가 아니다.

졸업 논문만 통과하면 졸업할 수 있다. 졸업을 하지 못했다. 따라서 졸업 논문이 통과되지 않은 것이다.

해당 동물이 돌고래인지 아닌지는 모른다. 하지만 포유류가 아니라는 사실을 알고 있다면 그 동물이 돌고래가 아니라는 판단을 즉시 내릴 수 있다.

6-3 전건 부정(잘못된 결론 도출)

이번에는 삼단논법의 오류 사례를 살펴보자.

날씨가 맑으면 동물원에 가기로 했다. 날씨가 맑지 않다. 따라서 동물원에 갈 수 없다.

이 문장의 구조는 다음과 같다.

P라면 Q다. **P가 아니다.** 따라서 Q가 아니다.

전건인 'P라면'을 부정해 'P가 아니다'라고 주장하기 때문에 이런 방식의 추론을 전건 부정(denying the antecedent)이라고 한다.

전건 부정은 타당한 논증일까? 사실 이 논증에는 오류가 있다. 날씨가 맑지 않아도 동물원에 갈 확률이 있기 때문이다. 앞의 예문만으로는 이해하기 어려울 수 있으니 다음의 예문을 보고 다시 생각해 보자.

> 만약 그 동물이 돌고래라면 그 동물은 포유류다. 그 동물은 돌고래가 아니다. 따라서 그 동물은 포유류가 아니다.

이 예문도 전건 부정의 구조를 취하고 있다. 그리고 예문에서 알수 있듯이 포유류에는 돌고래 외에도 다양한 동물이 속해 있으니 돌고래가 아니라는 사실만으로 포유류가 아니라고 단정할 수는 없다. 이렇듯 전건 부정은 잘못된 결론을 도출한다.

6-4 후건 긍정(잘못된 결론 도출)

후건 긍정(affirming the consequent)의 추론 구조는 다음과 같다.

> P라면 Q다. Q다. 따라서 P다.

이 또한 잘못된 결론을 도출하며, 이러한 논법을 쌍방조건해석의 오류라고도 한다. 구체적인 예문을 살펴보자.

> 만약 그 동물이 돌고래라면 그 동물은 포유류다. 그 동물은 포유류다. 따라서 그 동물은 돌고래다.

포유류에는 돌고래 외에도 다양한 동물이 속해 있으니 포유류라고 해서 바로 돌고래라고 단정할 수는 없다. 또 다른 예문을 보자.

> 비가 내리면 운동회는 중지된다. 운동회가 중지됐다. 따라서 비가 내린 모양이다.

운동회를 중지할 수밖에 없었던 이유는 비 외에도 있을 수 있다. 따라서 이 논증 또한 잘못된 결론을 도출했다. 우리는 일상에서 이와 같은 오류를 자주 범한다. 예를 들어 친구에게 '서울로 돌아가면(P) 연락할게(Q)'라는 메시지를 받았다고 하자. 그 후에 친구에게서 연락이 오면 우리는 바로 '서울로 돌아왔구나'라고 생각한다. 하지만 논리적으로 생각해 보면 이는 후건 긍정의 오류에 해당한다. 메시지를 보낸 '친구'는 서울로 돌아오지 않았더라도 메시지를 보낼 수 있고, 실제로 서울로 돌아오지 않은 상태로 메시지를 보냈다고 해서 전에 보낸 메시지의 논리적 정합성이 사라지는 것도 아니다.

'서울로 돌아가면 연락할게'라는 말에서 타당하게 연역할 수 있는 추측은 '연락이 없는 것을 보니 서울로 돌아오지 않은 모양이다' 뿐이다.

전건 긍정=후건 부정(대우)

'P라면 Q다'와 'Q라면 P다'의 관계를 '역(逆, converse)'이라고 한다. 다시 말해 'P라면 Q다'라는 명제의 역은 'Q라면 P다'라는 명제다. '역은 참이 아니다'라는 표현은 말 그대로 후건 긍정의 오류를 의미한다. 따라서 'P라면 Q다'가 참이라고 해도 'Q라면 P다'는 참이 아닐 수도 있다.

또한 'P라면 Q다'와 'P가 아니면 Q가 아니다'의 관계는 '이(裏, inverse)'라고 하며, 원래의 명제를 부정하는 '이' 또한 논리적으로 타당하지 않다. 따라서 'P라면 Q다'가 참이라고 해도 'P가 아니면 Q가 아니다'는 거짓일 수도 있다.

한편 'P라면 Q다'와 'Q가 아니면 P가 아니다'의 관계는 '대우(對偶, contrapositive)'라고 하며, 'P라면 Q다'를 역으로 뒤집은 다음 부정(이)하면 대우가 된다. 이렇게 되면 원래의 명제와 그 명제의 대우는 논리적으로 의미가 같다. 즉, 'P라면 Q다'가 참이면 'Q가 아니면 P가 아니다'도 참이다.

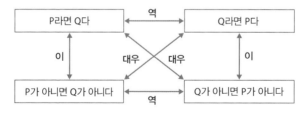

■ 역, 이, 대우

다음 예문을 보면 역과 이는 타당하지 않고, 대우는 타당하다는 사실을 쉽게 알 수 있다.

원래 명제: 그 동물이 돌고래이면 그 동물은 포유류다.

역: 그 동물이 포유류이면 그 동물은 돌고래다.

이: 그 동물이 돌고래가 아니면 그 동물은 포유류가 아니다.

대우: 그 동물이 포유류가 아니면 돌고래가 아니다.

6-6 후건 긍정과 사람의 심리

앞에서 후건 긍정의 논법인 'P이면 Q다. Q다. 따라서 P다'는 잘못된 결론을 도출한다고 설명했다. 하지만 사실 우리는 매일 잘못된 결론을 도출하며 생활하고 있다. 그래서 후건 긍정이 타당하다고 믿고 잘해 보려고 했다가 결과적으로 실패하기도 한다.

예를 들어 한 선생님이 어느 날 제자에게 "무사히 졸업하면 댁으로 찾아뵙고 인사드리겠습니다"라는 연락을 받았다고 하자. 얼마 후에 그가 집에 찾아오면 선생님은 제자가 무사히 졸업했다고 생각한다. 선생님으로서는 매우 자연스러운 생각의 흐름이다.

또한 이때 제자가 "선생님, 면목 없게도 학점이 부족해서 졸업하지 못했습니다"라고 말해도 논리적인 오류는 발생하지 않는다. '댁으로 찾아뵙겠습니다'라는 후건이 실현됐다고(긍정) 해서 '졸업했다'라는 결론을 도출할 수는 없다. '졸업하면 댁으로 찾아뵙겠다'라는 말에서 타당하게 도출할 수 있는 추측은 '집으로 찾아오지 않으면 졸업하지 못한 것이다' 뿐이다.

6-7 선언지 긍정의 오류

결론으로 A와 B라는 두 개의 선택지가 있고 둘 다 참일 가능성이 있지만, A 또는 B 중에 하나를 결론으로 선택하면 나머지 하나는 거짓이 되는 논법을 선언지 긍정(affirming a disjunct)의 오류라고 한다.

선언지 긍정의 오류는 '또는'을 배타적으로 생각하기 때문에 발생한다. 쉽게 말해 '또는'을 A와 B 둘 중에 한쪽을 선택하면 다른 한쪽은 무조건 버려야 한다는 의미로 사용해서 생기는 오류다. 한쪽이 참이라고 해서 반드시 다른 한쪽이 거짓이 되는 것은 아니다.

이 논법의 구조는 다음과 같다.

A 또는 B다. A다. 따라서 B는 아니다.

A 또는 B다. B다. 따라서 A는 아니다.

둘 다 타당하다고 볼 수 없으니 양쪽 다 오류다. 예를 들어 시험 문제를 생각해 보자. 1번이 정답이면 '2, 3, 4, 5번은 정답이 아니다'라는 결론을 내리기 쉽지만 어쩌면 정답이 하나가 아닐 수도 있다. 이것이 선언지 긍정의 오류다.

순환논법(vicious circle)은 각 논증의 결론을 다시 각 논증의 전제로 삼아 논리를 전개하는 방법으로 오류의 일종이다. 쉽게 말해 한 논증의 결론이 앞 논증의 전제로 쓰이는 경우다. 미우라(2004)의 저서에 등장하는 예문을 보며 구체적으로 살펴보자.

논증 A

전제 1: 계약금을 100억 원 이상 받는 선수는 초일류 선수다.
전제 2: 양키즈가 닛폰햄 파이터스의 오타니 쇼헤이와 500억 원에 계약할 것이다.
결 론: 오타니는 초일류 선수다.

논증 B

전제 1: 양키즈는 팀 전력을 보강하기 위해 몇 백억을 들여서라도 초일류 선수를 확보해야 한다.
전제 2: 닛폰햄 파이터스의 오타니 쇼헤이는 현재 이적을 원하는 초일류 선수다.
결 론: 양키즈는 계약금이 얼마든 닛폰햄 파이터스의 오타니와 계약할 것이다.

논증 A는 오타니 쇼헤이가 고액의 계약금을 받았다는 사실을 근거로 그가 초일류 선수라는 평가를 정당화했다. 한편 논증 B는 오타니가 초일류 선수라는 전제를 바탕으로 양키즈가 오타니와 계약할 것이라는 결론을 정당화했다.

즉, 한쪽의 논증이 성립하려면 다른 쪽 논증의 결론이 먼저 승인되어야 하는 도식이다.

아직 계약을 하지 않은 상태이기 때문에 논증 A의 '계약금을 100억 원 이상 받는 선수'라는 명제는 논증 B의 전제 2 '닛폰햄 파이터스의 오타니 쇼헤이는 현재 이적을 원하는 초일류 선수다'의 근거가 될 수 없다. 이 시점에서 오타니를 초일류 선수로 보려면 양키즈가 그와 계약하려 한다는 것 외에 다른 근거가 필요하지만 다른 근거는 제시되지 않았다.

이처럼 쳇바퀴 돌 듯 계속 돌기만 하는 논증은 논리적으로 타당해도 받아들일 수가 없다.

COLUMN

시보 알람과 경보

미국 동부 필라델피아 지역에 있는 각 소방서에는 경보기가 설치되어 있고, 매일 정오와 저녁 6시에 경보를 울린다. 이것을 보고 한 미국인이 이런 농담을 했다. "소방서는 시보 알람에 맞춰서 경보를 울린다고 하는데, 시보를 알리는 사람은 소방서의 경보를 듣고 시보 알람을 울린다"

'시보 알람을 들었다. 따라서 경보는 정확한 시간에 울렸다'라는 한쪽의 논증이 성립하려면 '경보에 맞춰서 시보 알람을 울렸다. 따라서 시보는 정확하다'라는 다른 한쪽의 논증이 먼저 성립해야 한다. 이 미국인은 각 논증이 다른 논증의 결론을 근거로 삼는 순환논법의 모순을 농담으로 지적한 것이다.

시보 알람에 맞춰서
경보가 울린다.

06:00

경보를 듣고
시보를 알린다.

6-9 다중질문

"당신은 이러저러한 일들을 그만두었습니까?"라고 묻는 '예/아니요 질문'에는 함정이 숨어 있다. 예를 들어 "당신은 성희롱을 그만두었습니까?"라는 질문에 예 또는 아니요로 대답하는 상황을 떠올려 보자. 이 질문에 '예'라고 대답하면 과거에는 성희롱을 했다는 말이 되고, '아니요'라고 대답하면 아직도 성희롱을 한다는 말이 된다. 결국 어느 쪽으로 대답하든 예전부터 성희롱을 한 사람이 된다.

이처럼 어느 쪽으로 대답해도 특정한 행위를 했다는 사실이 성립되도록 유도하는 질문을 다중질문(또는 다중심문)이라고 한다. 다중질문에는 명확하지 않은 전제가 암묵적으로 포함되어 있다. 예를 들어 앞에서 언급한 "당신은 성희롱을 그만두었습니까?"라는 질문에는 이미 '당신은 성희롱을 했다'는 전제가 깔려 있다. 다중질문은 명확하지 않은 전제를 근거로 삼는 질문이다.

일반적으로 유도심문을 할 때 다중질문을 한다. 유도심문은 심문하는 사람이 원하는 답변을 끌어내는 질문을 말한다. 특정 인물을 범인으로 만들고 싶을 때 "당신은 빚을 갚지 못해서 그를 죽였습니까?"라고 질문한다. 이 질문에 "예"라고 대답하든 "아니요"라고 대답하든 '그를 죽였다'는 사실을 인정하게 된다.

따라서 다중질문의 덫에 걸리지 않으려면 먼저 질문 뒤에 숨어 있는 전제를 찾아야 한다. 전제를 알면 "애초에 성희롱을 하지 않았다", "애당초 그를 죽이지 않았다"라고 대답할 수 있다. 암묵적인 전제를 찾는 일은 제4장에서 설명했듯이 논거를 중심으로 생각하는 일과 같다.

6-10 잘못된 이분법(잘못된 딜레마)

실제로 문제를 해결해야 하는 상황에서 선택지가 두 가지밖에 없다고 생각하는 오류를 잘못된 이분법 또는 잘못된 딜레마라고 한다. 일반적으로 잘못된 이분법은 주어진 두 가지 선택지 외에 다른 선택지가 없고, 한쪽이 성립하면 다른 한쪽은 성립하지 않는다는 인상을 주었을 때 발생한다. 어느 한쪽이 타당하다고 믿게 만드는 것이다.

가장 쉬운 예로 다음과 같은 예문이 있다.

내 뜻에 찬성하는지 반대하는지 둘 중 하나를 선택해야 한다. 너는 내 뜻에 찬성하지 않았다. 따라서 내 뜻에 반대하는 것이다.

우리는 가끔 이런 식으로 상대를 몰아붙이기도 한다. 상대는 찬성도 반대도 아닌, 중립적인 입장일 수도 있지만 이분법은 이를 고려하지 않는다.

'P와 Q 둘 중 하나를 선택해야 한다. P는 아니다. 따라서 Q다'라는 생각은 논리적으로 타당하지 않다. P와 Q 둘 중 하나를 선택해야 한다며 그 외에 다른 선택지를 모두 배제한다. 이와 같은 논증이 왜 타당하지 않은지 확연히 드러나는 예문을 살펴보자.

모든 동물은 양서류 아니면 어류다.
우리 고양이 텍사스는 양서류가 아니다.
따라서 우리 고양이 텍사스는 어류다.

이 논증을 보면 한눈에 오류를 알 수 있다. 양서류와 어류 외에도 다른 동물이 존재한다는 사실을 우리가 이미 알고 있기 때문이다. 하지만 전제로 제시된 선택지 외에 다른 것을 떠올릴 수 없다면 오류를 깨닫지 못할 수도 있다.

또한 논의의 앞부분에서 잘못된 이분법을 사용하면 그 내용을 바탕으로 다음 논의가 진행되기 때문에 조심해야 한다. 다음의 예문을 보자.

논문 작성법에 대해서 '내가 학생 시절에 알았다면 고생하지 않았을 텐데'라고 느꼈던 내용을 학생들에게 가르쳐 봤지만, 논문을 쓰며 고생해 본 적이 없는 학생들은 그 내용에 공감하지 못한다. 반면 논문 때문에 고생해 본 연구원들은 이미 그 내용을 알고 있어서 새삼스럽게 다시 가르칠 필요가 없다. 세상에는 두 종류의 사람이 존재한다. 가르쳐 주어도 모르는 사람과 이미 알고 있어서 가르칠 필요가 없는 사람이다. 따라서 논문으로 고생해 본 적 없는 학생들에게는 논문 작성법을 가르쳐 봤자 쓸데없고, 이미 고생해 본 연구원들에게는 가르칠 필요가 없다.

우리는 이 예문에서 '세상에는 두 종류의 사람이 존재한다. 가르쳐 주어도 모르는 사람과 이미 알고 있어서 가르칠 필요가 없는 사람이다'라는 부분을 검토해야 한다. 먼저 세상 사람을 두 종류로 딱 잘라 나눌 수 있을 리가 없다. 실제로 논문을 써 본 적 없는 학생 중에도 가르치면 이해하는 사람이 많을 것이며, 논문 작성법을 모르는 연구원도 있을 수 있다.

세상 모든 일에는 다양한 면이 있다. 너무 직감적으로 단순하게만 생각해서는 안 된다. 여러 가지 선택지가 주어졌을 때 그중 하나만 성립한다고 단정하는 생각은 위험하다. 성립하는 선택지가 여럿일 수도 있고, 제시된 선택지 외에 다른 선택지가 있을 수도 있다. 또한 지나치게 상식에 얽매이거나 하나의 시점에 사로잡혀 전체를 보지 못할 때도 있으니 항상 주의해야 한다. 물론 이러한 주의 사항은 누구나 알고 있다. 문제는 구체적으로 어떻게 하면 잘못된 이분법에 빠지지 않을 수 있는지다. 따라서 우리는 지적 겹눈 사고법을 익히고 실천해야 한다(苅谷, 2002).

6-11 미끄러운 경사길 논증

추론의 오류 중에 미끄러운 경사길 논증이라는 논법이 있다. 미끄러운 경사길 논증에서는 특정 현상이 발생하면 이어서 또 다른 현상이 필연적으로 발생한다고 본다. 다만 이때 **필연성은 전혀 논의되지 않는다.** 밑도 끝도 없이 '특정 현상 X가 발생했다. 따라서 반드시 현상 Y도 발생할 것이다'라고 주장하는 식이다.

미끄러운 경사길 논증에 관해서는 다음 예문이 널리 알려져 있다.

한 TV 방송국의 보도 프로그램에서 전(前) 관료가 정부를 비판하는 발언을 했다. ① 이 발언을 계기로 총무성은 전파 규제를 단행할 수도 있다는 뜻을 내비쳤다. ② 엄격한 방송법이 시행되면 보도의 자유를 빼앗긴다. ③ 보도의 자유를 빼앗긴다는 것은 표현의 자유를 침해당한다는 의미다. ④ 그리고 표현의 자유가 없어지면 당연히 언론의 자유도 규제 대상이 된다. ⑤ 그리고 언론 통제는 나라가 전쟁을 준비할 때 반드시 거치는 단계 중 하나다.

종종 이야기가 이 예문처럼 진행될 때가 있다. 각각 이어지는 문장과 문장 사이에 큰 비약은 없다. 그래서 논거도 어렵지 않게 추정할 수 있고 오류도 없는 것처럼 느껴진다.

하지만 ①에서 ②로 이어질 때 생긴 약간의 틀어짐을 간과하면 ②에서 ③, ③에서 ④로 이어질 때 생기는 이후의 틀어짐도 마찬가지로 그냥 넘어가게 된다. 그러다가 멈추지 못하고 미끄러운 경사길을 굴러 내려오는 것처럼 자연스럽게 마지막 결론인 '전쟁을 준비한다'에 도달하게 된다. 이것이 미끄러운 경사길 논증이다.

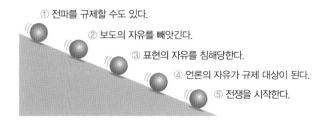

① 전파를 규제할 수도 있다.
② 보도의 자유를 빼앗긴다.
③ 표현의 자유를 침해당한다.
④ 언론의 자유가 규제 대상이 된다.
⑤ 전쟁을 시작한다.

■ 미끄러운 경사길 논증

6-12 임시방편적 가설

우리는 간혹 일단 상황을 모면하려고 핑계를 댈 때가 있다. 특히 갑자기 무언가를 설명해야 할 때 자주 일어나는 일이다. 예를 들어 심리학 실험을 하는 학생이 자신의 예측과 다른 결과를 얻었다고 하자. 이때 학생은 다음과 같은 생각을 하게 된다.

① 실험에 참여한 사람이 실험에 집중하지 않았다.
② 실험한 날에 방이 너무 더워서 실험 환경에 문제가 있었다.
③ 실험에 사용한 기자재에 근본적인 문제가 있었을 수도 있다.

모두 임시방편으로 덧붙인 가설에 지나지 않는다. 이런 가설을 임시방편적 가설(ad hoc hypothesis)이라고 한다.

'임시방편'이라는 단어가 주는 이미지 때문에 부정적으로 생각할 수도 있지만, 순간적으로 떠오른 생각이 모두 잘못된 것은 아니다. 결과적으로 유효한 가설일 때도 있다. 또한 임시방편이라고 해도 실험 결과를 확인해서 가설을 세웠다면 귀납적 논증의 한 형식인 가설 형성(3-5-4 참고)이라고 볼 수도 있다.

다만 그렇다고 해도 임시방편적 가설은 일단 상황을 모면하기 위해 사용하는 방법이다. 쉽게 말해 자신의 주장에 관해 갑자기 생각지도 못한 지적을 받았을 때 깊게 생각하지 않고 입에서 나오는 대로 뱉는 변명이다. 아마 다들 비슷한 경험이 한 번쯤은 있을 것이다.

따라서 그저 상황을 모면하기 위해서 임시방편적 가설을 함부로 추가하는 일은 삼가자. 당장 그 자리는 넘길 수 있을지 몰라도 **질문에 대한 본질적인 설명에는 전혀 도움이 되지 않는다.**

하지만 간혹 임시방편적 가설에 생각을 발전시키는 아이디어가 숨어 있다는 점도 잊어서는 안 된다. 오류가 무엇인지 인지했더라도 무조건 오류라고 단정하지 말고, 무언가 가능성을 찾아보려는 자세가 중요하다.

6-13 논점 흐리기

논의 중에 상대가 원래의 쟁점이나 논점의 방향을 바꿔서 다른 쟁점이나 논점으로 돌리려고 할 때 우리는 '논점을 흐린다'라고 표현한다. 원래 하던 논의의 흐름을 끊어 집중해야 할 논점에서 다른 쪽으로 사람들의 관심을 돌리려는 의도로 사용하는 교묘한 방법이다.

이 수법에 가장 능한 사람이 정치인이고, 그래서 국회에서 자주 볼 수 있다. 하지만 사실 논점을 일부러 흐릴 정도로 논의를 능숙하게 조정할 수 있는 사람은 많지 않다. 보통은 질문을 받고 어떻게 해서든 상황을 넘기려고 대답하다가 결과적으로 논점이 흐려진다.

사례를 통해 논점을 흐리는 구체적인 상황을 살펴보자(福澤, 2010). 이 사례는 정치인의 대화가 아니라 일본의 만담가 오타 히카리(太田光)와 한 대학교수의 대화다. 두 사람의 대화를 보면 전체적으로 일부러 논점을 흐리려는 의도는 없었지만 결국 논점이 흐려진다. 그런데 재미있게도 논점이 흐려졌다는 사실을 둘 다 눈치채지 못하고 아무도 지적하지 않는다.

> **N 교수**: 멘델의 이론이 거짓이라면 조작이 됩니다. 하지만 유전자라는 개념을 처음 생각했으니 독창적이기는 합니다.
>
> **오   타**: **멘델의 법칙이 사기인지 아닌지는 확실히 진위를 가리기 어려운 문제죠.** 방금 말씀하신 대로 마르크스처럼 지금 독창적이라는 말을 듣는 사람들은 당시에는 심한 역경을 겪었습니다.
>
> **N 교수**: 정말 독창적이면 주변에서 믿어 주지 않는 법입니다. 주변에서 다 믿을 만한 일이면 예상되는 결과를 내놓고 좋은 논문을 써서 인정받으면 그만입니다. 하지만 정말 혁신적인 일을 하는 사람은 당시에는 인정받지 못하죠.

오타가 주장하고자 하는 논점은 굵은 글씨로 표시한 부분이다. 특정 이론이나 법칙이 타당한지를 가리는 문제는 확실히 어렵다. 오타는 그 부분에 대해 논의하려고 했다. 하지만 N 교수는 오타의 다음 발언에 반응했다. 여기서 이미 논점이 틀어졌다. N 교수의 말대로 독창적인 것은 우리 생활과 동떨어진 내용일 때가 많다 보니 쉽게 이해받지 못한다. 사람들이 쉽게 이해한다면 오히려 독창적이지 않다는 말일지도 모른다. 하지만 그렇다고 해서 '정말 독창적이면 주변에서 믿어 주지 않는 법입니다'라고 대화를 이어 가면 원래의 논점에서 벗어나게 되니 논의가 더 이상 진행되지 않는다.

그런데 만약 오타가 한 앞쪽 발언의 주제(이론의 타당성을 가리는 일)가 어려운 문제라는 사실을 알고 교수가 일부러 논점을 흐렸다면 어떨까? 이때 오타가 '이론의 타당성을 가리는 문제의 어려움'이라는 논점을 흐리지 않고 논의를 계속 이어 가고 싶었다면 우선 마르크스 이야기는 언급하지 않는 편이 좋았다. 그리고 N 교수의 발언 후에 "아니요. 제가 문제라고 생각하는 부분은 정말 혁신적인 일을 하는 사람은 당시 사람들에게 인정받지 못한다는 점이 아니라, 이론의 타당성을 확인하는 일은 어렵다는 점입니다. 어떻게 하면 확인할 수 있을까요?"라고 물으며 논점을 되돌리면 된다.

6-14 사개명사의 오류

앞에서 설명했듯이 일반적으로 삼단논법은 두 개의 전제에서 하나의 결론을 도출한다.

전건·대전제: 포유류는 알을 낳지 않는다.
후건·소전제: 돌고래는 포유류다.

결론: 따라서 돌고래는 알을 낳지 않는다.

전건과 후건에 포함된 포유류, 난생, 돌고래라는 세 가지 명사(또는 이름)의 관계에서 결론을 끌어낸다. 다음의 예문을 살펴보자.

> ① 과식증에 걸린 사람은 모두 환자다.
> ② 영수는 자주 과식을 한다.
> ───────────────────────────────
> ③ 따라서 영수는 환자다.

언뜻 앞의 예와 마찬가지로 세 문장으로 구성된 삼단논법처럼 보인다. 하지만 여기에는 네 개의 명사가 포함되어 있다. 환자, 영수, 과식증, 과식이다. 문장의 수에만 집중하다 보면 놓치기 쉽지만, 삼단논법에서 정말 중요한 부분은 문장에 포함된 명사의 개수다.

과식증은 섭식장애의 하나로 '자주 과식을 한다'와는 다른 개념이다. 따라서 이 삼단논법은 타당하지 않다. 이처럼 하나의 논증에 네 개의 명사가 포함되어 있을 때는 주의가 필요하다.

하나의 삼단논법에서 다른 단어가 같은 의미로 사용되어 발생하는 오류를 사개명사의 오류라고 한다. 다음 예문도 사개명사의 오류를 범하고 있다.

> 귀국 자녀는 국제적 인물이고, 그녀는 국제적이므로 사교적이다.

이 예문은 언뜻 '① 모든 **귀국 자녀**는 **국제적** 인물이다. ② **그녀**는 국제적이다. 따라서 ③ 그녀는 **사교적이다**'라는 삼단논법을 통해 두 가지 전제에서 하나의 결론을 도출한 것처럼 보인다. 하지만 굵은 글씨로 표시한 것처럼 네 개의 명사가 쓰였다. 따라서 삼단논법으로서는 타당하지 않다.

6-15 다의성의 오류

우리는 한 단어가 여러 가지 의미를 가진 경우를 일상에서 흔히 본다. 이와 관련해 논증에서 단어나 구를 잘 안다고 생각하고 모호하게 사용하다가 발생하는 오류를 다의성의 오류(fallacy of equivocation)라고 한다.

사원 A: 노력하는 사람은 뛰어난 사람일까요? 아니면 노력해야 하는 모자란 사람일까요?

사원 B: 당연히 뛰어난 사람이죠.

사원 A: 하지만 노력하는 사람은 뛰어나지 않기 때문에 노력해서 뛰어난 사람이 되려고 하는 것 아닐까요?

사원 B: 그것도 그러네요.

사원 A: 그렇다면 노력하는 사람이 뛰어나다고 할 수 있을까요?

사원 B: 할 수 없겠네요.

사원 A: 뛰어나지 않다면 모자란 것 아닐까요?

사원 B: 그러네요. 노력하는 사람은 뛰어난 사람이 아니라 모자란 사람이네요.

이 대화에서 한 사람은 '노력'이라는 단어를 사람의 능력과는 별개로 '해야 하는 좋은 일'이라는 의미로 사용했고, 다른 한 사람은 '능력이 있으면 할 필요가 없는 일, 능력이 없어서 해야 하는 일'이라는 의미로 사용했다. 같은 문맥에서 한 단어를 서로 다른 의미로 사용했기 때문에 다의성의 오류가 발생한 것이다.

제7장

인지 방식에 따른
논증의 오류

" 하나의 대상을 관찰해서 결과를 기술하는 간단한 작업을 할 때도 우리의
관찰과 인지에는 한쪽으로 치우친 시점(bias, 편향)이 개입한다. 대상을 정
확히 이해하고 파악하려면 우선 자신이 편향된 생각에 치우쳐 있다는 사실
부터 깨달아야 한다. 제7장에서는 편향에 관해서 생각해 보자. "

7-1　확증 편향: 확증을 추구하는 경향

편향(bias)은 기본적으로 '편견, 선입관'을 의미하며 다양한 문맥에서 여러 가지 의미로 사용하지만, 이 책에서는 인지심리학과 사회심리학에서 사용하는 인지 편향이라는 의미로 사용한다. 세상일을 관찰하거나 인지할 때 자신도 모르는 사이에 결과를 왜곡해 버리는 잘못된 믿음을 의미한다.

다양한 편향 중에서 우선 확증 편향(confirmation bias)에 대해 살펴보자. 확증 편향은 인간의 인지 방식 중에서 가장 이해하기 쉬운 편향이다. 확증 편향을 보여 주는 사례로는 심리학자 피터 웨이슨(Peter Wason)이 1996년에 고안한 선택 과제 실험이 유명하다. 약간 추상적인 문제이기는 하지만 이 문제를 통해서 우리가 논증·추론하는 방식을 살펴보자.

우선 다음 그림처럼 네 장의 카드가 있다. 네 장의 카드 모두 한쪽에는 숫자가, 다른 한쪽에는 문자가 쓰여 있다.

■ 웨이슨이 실험에서 제시한 네 장의 카드

이 카드에는 규칙이 있다.

만약 한쪽에 쓰인 문자가 모음이면

그 뒷면에 쓰인 숫자는 짝수다.

이 규칙을 하나의 가설로 보면 웨이슨의 선택 과제는 이 가설이 타당한지를 검증하는 문제라 할 수 있다.

그렇다면 다음 질문의 답을 생각해 보자.

제시한 카드가 앞에서 말한 규칙(가설)을 지켰는지를 확인하려면

어느 카드를 뒤집어야 할까?

당신이라면 어떻게 하겠는가? '○○를 뒤집으면 됩니다. 왜냐하면 ○○는 이러이러하기 때문입니다'의 형태로 생각해 보자. 이 문제를 처음 봤다면 먼저 스스로 답을 생각해 본 다음 이어서 읽는 편이 재미있을 것이다.

생각을 마쳤다면 이제 검증을 해 보자. '문자가 모음이면 뒷면에 적힌 숫자는 짝수다'라는 가설은 'P이면 Q'라는 구조다. 따라서 P일 때 Q라는 사실을 반드시 확인해야 하니 모음인 카드 'E'를 뒤집어 보면 된다. 또한 이 가설은 자음에 관해서는 아무런 언급이 없었으므로 자음의 뒷면은 짝수이든 홀수이든 상관이 없다. 그러니 자음인 'K'의 뒷면은 확인할 필요가 없다. 이 두 가지 사항은 다들 쉽게 떠올렸을 것이다.

'**모음이라면 뒷면은 짝수**'라는 사실을 확인한다.

자음의 뒷면은 짝수이든 홀수이든 상관이 없다.

■ **'모음이라면 뒷면은 짝수'라는 사실을 확인한다**

그런데 짝수 카드인 '4'는 어떨까? 가설 내용에 '짝수'라는 단어가 들어 있어서인지 신경이 쓰인다. 가설에는 '모음이면 뒷면은 짝수'라고 했으니 모음의 뒷면이 짝수가 아니라면 그 가설은 반증된다. 하지만 이 가설은 '짝수의 뒷면은 반드시 모음이다'라는 말은 하지 않았다. 따라서 짝수 카드인 '4'의 뒷면이 자음이라 할지라도 가설의 반증은 되지 않는다. '4'는 뒤집어 볼 필요가 없다.

짝수의 뒷면은 모음이든 자음이든 상관이 없다.

■ **'4'는 뒤집어 볼 필요가 없다**

남은 카드는 '7'이다. '7'은 홀수이고 가설에는 '홀수'라는 단어가 등장하지 않는다. 그렇다면 'K'와 마찬가지로 '7'도 이 문제와 관계가 없을까? 여기서 '모음이면 뒷면은 짝수'라는 가설의 대우(6-5 참고)를 생각해 보자.

제7장

> **가설:** 모음이면 뒷면은 짝수
>
> **대우:** 짝수가 아니면 뒷면은 모음이 아니다=홀수라면 뒷면은 자음

다시 말해 '모음이면 뒷면은 짝수'라는 명제는 '홀수라면 뒷면은 자음'이라는 명제와 같다. 그렇다면 홀수 카드인 '7'은 조사해 볼 필요가 있다. 이때 '7'의 뒷면이 모음이라면 가설이 반증된다.

뒷면이 모음이면 가설이 반증된다.

■ '모음이면 뒷면은 짝수'라는 명제의 대우를 생각해 보자

그래서 정답은 'E'와 '7'이다.

하지만 실제로 실험해 보면 사람들은 대부분 '4'를 뒤집어 확인한다. 직감적으로 '4'의 뒷면이 모음이면 '모음이면 뒷면이 짝수'라는 가설을 뒷받침할 수 있다고 생각하기 때문이다. 하지만 '4'를 뒤집어 보는 행동은 합리적이지 않다. 그런데도 사람들이 '4'를 뒤집어 보는 이유는 앞에서 설명한 대로 인간은 가설을 반증하는 증거를 찾기보다

가설을 뒷받침하는 증거, 즉 확증을 얻을 수 있는 증거를 찾으려고 하는 경향이 있기 때문이다.

이와 같은 사고의 치우침을 확증 편향이라고 한다.

확증 편향은 네 장의 카드 문제처럼 추상적인 문제에서만 발생하는 것이 아니다. 예를 들면 '혈액형이 O형인 사람은 대범하다'라고 믿는 사람은 O형이면서 대범한 사람을 보면 '역시 O형인 사람은 대범하다'라고 쉽게 생각해 버린다. 하지만 '혈액형이 O형인 사람은 대범하다'라는 명제를 검증하려면 앞의 문제에서 '7'이 적힌 카드를 뒤집어 보는 태도와 같은 관점으로 'O형이면서 대범하지 않은 사람'을 찾아야 한다. 이러한 관점을 가져야 사실과 현상을 편견 없이 바라볼 수 있다.

7-2 확증 편향과 인지 모델

『어떻게 잘못된 지식을 얻게 되는가: 일상생활 속 추론의 함정(How We Know What Isn't So: The Fallibility of Human Reason in Everyday Life)』의 저자로 알려진 토머스 길로비치(Thomas Gilovich)는 이런 말을 남겼다.

서양에는 아이가 생기지 않아서 고민하는 부부가 아이를 입양하면 임신 확률이 높아진다는 속설이 있다. 하지만 의학적 자료를 조사해 보면 증거는 없다. 아마도 아이가 생기지 않아서 걱정하던 부부가 스트레스에서 벗어나자 긴장이 풀려서가 아닐까 추측한다.

문제는 어째서 이러한 속설이 그럴듯한 이야기로 전해져서 사람들

사이에 널리 퍼졌는지다. 그 이유를 생각해 보자.

7-2-1 임신과 입양에 관한 잘못된 생각

길로비치가 제시한 상황을 2×2 분할표로 나타내면 다음과 같다.

■ 입양과 임신의 상관관계

		임신 유무	
		임신(+)	임신하지 않음(−)
입양	입양(+)	A++	B+−
	입양하지 않음(−)	C−+	D−−

현상이 발생했을 때를 '+'로, 발생하지 않았을 때를 '−'로 표시한다. 아이를 입양한 부부가 임신에 성공한 경우가 근거 A에 해당한다. 근거 A는 '입양'과 '임신'이라는 두 가지 현상이 발생했으니 '++'로 표시한다. 이때 **근거 A가 잘못된 생각의 바탕이 되는 데이터**다.

그다음 입양은 했지만 임신하지 못한 경우가 근거 B(+−)이고, 입양은 하지 않았지만 임신한 경우가 근거 C(−+)에 해당한다. 입양도 하지 않았고 임신도 하지 못한 경우가 근거 D(−−)다.

'입양/입양하지 않음'과 '임신/임신하지 않음'을 조합하면 A부터 D까지의 네 가지 유형이 나온다. 하지만 실제 사람들의 **관심은 근거 A에만 집중**되는 경향이 있다. 확증 편향이 불러오는 현상이다.

이 현상의 바탕에는

사람들은 긍정적인 사건에 더 강한 인상을 받는다

는 사실이 깔려 있다. '+'로 표시하는 '입양'과 '임신'이라는 긍정적 사실은 사람들의 기억에 더 선명하게 남는다.

반면 부정적인 요소가 들어 있으면 부수적으로 긍정적인 요소가 있어도 서로 상쇄되어 기억에 남지 않는다. 여기에 해당하는 경우가 근거 B와 근거 C이며, 두 근거는 사람들에게 강한 인상을 주지 못한다.

마지막으로 근거 D는

부정적인 요소만 포함하기 때문에
기억에 거의 남지 않는다.

심지어 근거 D는 아예 관련이 없다고 생각하는 사람도 있다. 하지만

문제를 적절하게 검토하려면 근거 D도 중요하다.

입양과 임신의 관계를 조사하는 첫 단계가 입양 후 임신 성공률 'A/(A+B)'와 입양하지 않았을 때 임신 성공률 'C/(C+D)'를 비교하는 것이기 때문이다.

이와 같은 기억 모델을 이용하면 인간의 인지 방식(이 사례에서는 현상의 기억과 재생)이라는 관점에서 왜 사람들이 아이를 입양하면 임신 확률이 높아진다는 잘못된 생각을 하게 되었는지를 설명할 수 있다. 또한 이 사례는 인간이 기억과 인지 방식을 이용해 추론이나 논증을 할 때 무심코 통계적으로 편중된 자료를 모은다는 사실도 보여준다(Gilovich, 1991).

7-2-2 근거를 나누면 논증이 보인다

언뜻 근거로 삼아도 문제가 없어 보이고, 하나로 묶을 수 있는 근거처럼 보이지만 자세히 들여다보면 더 세분화할 수 있을 때가 있다. 예를 들면 '아이를 입양하면 임신 확률이 높아진다'와 같은 문장은 문장 전체를 하나의 근거로 쓸 수도 있고, 입양과 임신의 상관관계를 분석한 2×2 분할표에서 A부터 D까지의 셀을 각각의 독립적인 근거로 쓸 수도 있다.

그런데 자세히 보면 '아이를 입양하면 임신 확률이 높아진다'라는 근거는 다음과 같이 나눌 수도 있다. 이 또한 논증이다.

근거: 아이를 입양했다.

결론: 따라서 그 부부는 임신 확률이 높아졌다.

이와 같이 하나로 정리된 사실처럼 보이는 근거를 논증의 형태로 분해하면 새로운 사고 과정이 생긴다. 이렇게 나누어 보면 아이를 입양해서 임신 확률이 높아졌다는 이상한 생각을 왜 했는지 의문이 들 것이다. 처음 '아이를 입양하면 임신 확률이 높아진다'라는 말을 들었을 때는 깨닫지 못했지만, 논증의 형태로 분해해 보면 이상한 부분이 그제야 눈에 들어오기도 한다.

7-2-3 2×2 분할표를 논증으로 분석한다

제4장에서 설명한 논증 모델을 이용해 입양과 임신의 상관관계를 정리해 보자. 임신과 입양의 관계를 4-8에서 설명한 논증 도식으로 나타내면 다음과 같다.

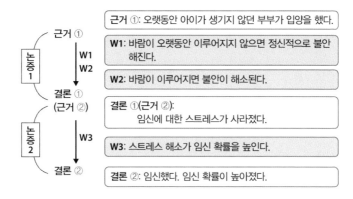

■ 입양과 임신의 관계에 관한 논증 도식

논증 도식을 보면 알 수 있듯이 단순 논증이 반복되고 있다. 다만 근거 1에서 갑자기 결론 2를 도출할 수는 없다. 직감적으로 생각해도 입양이라는 행위 자체가 임신 확률을 높이는 원인으로 보이지는 않는다. 하지만

논증은 직감에 의존하는 것이 아니라
오히려 직감을 배제해야 하는 사고 과정이다.

논증의 구조를 다시 확인해 보자.

논증 1은 근거와 결론이 모두 심리학적인 내용이며, 논거도 심리학적 조사로 뒷받침할 수 있다. 실제로 오랫동안 아이가 생기지 않는 부부는 불안하고 스트레스를 받았을 것으로 추정할 수 있다.

문제는 논증 2에 있는 스트레스와 임신의 관계다.

논증 1의 결론이기도 한 논증 2의 근거는 심리학적인 내용인 데 반해 도출된 결론은 생리학적인 내용이다. 스트레스와 임신이 서로

제7장

전혀 관련이 없다고 할 수는 없겠지만, 심리학적 근거에서 생리학적 결론을 도출하려면 반드시 논거가 필요하다. 그 논거에 포함된 가정에서 가설을 끌어내고 실험으로 검증하는 일은 결코 쉽지 않다. 참고로 실제 길로비치는 조사 결과, 입양과 임신 사이에는 어떤 의학적 관련도 없다고 발표했다.

7-3 신념 편향: 본인의 신념과 일치하는 내용이 옳다고 생각하는 경향

앞서 3-3에서 논증의 결론이 사실과 일치하지 않아도 논증으로서는 타당한 경우를 설명했다. 이와 관련해서 다음과 같은 논증 사례를 제시했었다.

> **근거 1**: 자유의 여신은 뉴욕 양키즈 소속 선수다.
> **근거 2**: 뉴욕 양키즈 소속 선수는 모두 스즈키 이치로를 알고 있다.
> ───────────────────────────────
> **결론**: 따라서 자유의 여신은 스즈키 이치로를 알고 있다.

일반적으로 우리는 근거가 경험적 사실일 때 바람직하다고 생각하기 때문에

논증의 전제인 근거에 분명한 오류가 있으면
그 사실을 깨달은 시점에서 그 논증은 결론이 무엇이든 잘못된
논증

이라고 생각한다.

앞서 제시한 논증에서 근거 1은 사실이 아니다. 그리고 결론 또한 사실이 아니다. 하지만 전제인 근거가 참인지 거짓인지를 문제 삼지 않는다면 근거에서 결론을 도출하는 과정 자체에는 문제가 없다. 따라서 이 논증의 결론은 **타당**하다.

이 사례는 해설만 있으면 누구나 바로 이해할 수 있다.

그렇다면 다음의 예문은 어떨까?

> **논증 1**
>
> **근거 1**: 모든 인간은 영장류다.
> **근거 2**: 어떤 영장류는 남성이다.
>
> ---
>
> **결론**: 따라서 어떤 인간은 남성이다.

> **논증 2**
>
> **근거 1**: 모든 인간은 생물이다.
> **근거 2**: 어떤 생물은 갈대다.
>
> ---
>
> **결론**: 따라서 일부 인간은 갈대다.

두 논증을 비교해 보면 구조가 같다는 사실을 금방 알 수 있다. 두 논증 모두 형식은 다음과 같다.

> 근거 1: 모든 A는 B이다.
> 근거 2: 어떤 B는 C이다.
>
> ---
>
> **결론:** 따라서 어떤 A는 C다.

하지만 대부분 논증 1의 결론은 타당하다고 생각하지만, 논증 2의 결론은 타당하지 않다고 생각한다. 왜 같은 구조인데도 한쪽은 타당하고 다른 한쪽은 타당하지 않다는 결론을 내릴까? 바로, 신념 편향(belief bias) 때문이다.

사실 두 논증 모두 논리적으로는 타당하지 않다. 그런데도 우리가 논증 1의 결론을 타당하다고 생각하는 이유는

결론이 경험적 사실과 일치하기 때문이다.

어떤 인간이 남성이라는 결론은 부자연스럽지 않다. 하지만 어떤 인간이 갈대라는 현상은 일어날 수 없는 일이다. 인간은 직감적으로 논증 2의 결론은 실제로 있을 수 없는 일이라고 생각한다. 이런 차이가 두 논증에 관해 다른 판단을 내리게 한다.

다시 말해 우리는

논증이나 추론 과정에 집중해서 타당성을 판단하는 것이 아니라 무엇이 사실이고 무엇이 사실이 아닌지에 끌려간다.

자신의 신념과 일치하면 옳다고 믿어 버리는 편견이 신념 편향이다.

'편향'이라는 말에는 '사람의 행동이나 생각에 문제를 일으키는 좋지 않은 것'이라는 이미지가 있다. 앞서 가설 연역법을 설명했던 5-4와 6-4에서 '가설 P가 타당하면 결과는 Q일 것이다. 결과가 Q였다. 따라서 가설 P는 타당하다'라는 사고법을 후건 긍정의 오류라고 지적했다. 우리가 흔히 범하는 사고의 오류다.

그런데 잘못된 사고법으로 가설을 여러 번 확인했을 때 계속해서 같은 결과가 나오면 결국 '실질적으로 P가 아니면 Q가 아니다'라고 생각하게 된다. 이 명제의 대우는 'Q이면 P다'이기 때문에 결국 가설 P가 타당하다는 결론으로 이어질 수 있다. 후건 긍정도 일종의 신념 편향이지만 이렇듯 의미가 생기기도 한다. 즉, 신념 편향도 가끔은 필요할 때가 있다.

실제로 우리가 직면하는 실제 상황에서는 추론 과정이 타당한지 아닌지보다 **결과로 제시된 결론이 지금까지 알려진 일반적인 경험적 사실과 모순되지 않는지**가 더 중요하다. 현실에서는 결론이 사실에 반하는 내용이라면 결론을 도출한 논증도 타당하지 않다고 생각하기 마련이다.

따라서 사실에 반하는 결론이 나왔을 때는 다음과 같은 사항을 꼭 확인해야 한다.

도출 과정에 문제가 있었는가?

전제인 근거에 오류가 있었는가?

하지만 이런 사항을 적절하게 판단하기는 그리 쉽지 않다. 설령 전제인 근거가 참이었다고 해도 타당한 논증인지 아닌지를 판단하는 일이 늘 쉬운 것만은 아니다. 또한 전제로 사용된 근거의 신빙성을 확인하는 일도 쉽지 않다.

따라서 **전제가 사실과 일치하고 결론도 사실과 일치하면 그 논증은 타당하다고 간주하는 것**이 현실적으로 가능한 직감적 대응 방법이다. 이렇게 생각하는 편이 일단은 무난하다. 전제와 결론이 사실과 일치하면 그 논증은 타당하다고 간주한다. 다시 말해 신념 편향을 인정하는 태도가 반드시 나쁜 것만은 아니라는 의미다. 편향이 무조건 나쁘다는 생각 또한 일종의 편향이다.

7-5　생존자 편향 1: 성공담에만 귀를 기울인다

TV를 보면 기업가의 성공담을 소개하는 프로그램이 자주 방송된다. 방송을 보다 보면 마치 세상은 성공한 사람과 성공하지 못한 사람으로 구성된 것처럼 보이기도 한다. 그런데 성공한 사람들의 이야기만 들어도 과연 괜찮을까?

생존자 편향(survivorship bias)은 사람이나 사물을 볼 때 특정 과정에서

살아남았다는 사실에만 집중

하다가 같은 과정에서 살아남지 못한 사람이나 사물은 간과해 버리

는 인간의 심리 경향을 가리킨다.

생존자 편향에 관해 작가 마이클 셔머(Michael Shermer)가 2014년에 쓴 글의 일부를 살펴보자.

퍼모나칼리지(Pomona College) 경제학과의 게리 스미스(Gary Smith) 교수는 공항 매점에서 많이 팔리는 「가장 성공한 기업 특집」이라는 잡지에 소개된 베스트셀러 두 권을 선정해 분석했다. 그 과정에서 짐 콜린스(Jim Collins)라는 베스트셀러 작가가 스미스 교수의 눈에 들어 왔다. 콜린스는 1,435개 회사 중 지난 40년간 주식 시장에서 평균치 이상의 수준을 유지한 11개 회사를 성공한 기업으로 꼽았다. 콜린스 는 그 11개 회사가 가진 공통된 특징이 기업을 성공으로 이끄는 요인 이라고 주장했다.

하지만 콜린스의 방식을 본 스미스 교수는 다음과 같이 지적했다.

> 콜린스는 조사를 시작한 시점에서 먼저 전체 기업의 목록을 작성하고, 다른 기업보다 성공했다고 예측되는 11개 회사를 선택하는 타당한 기준을 사전에 제시해야 했다.

이 조사에서 가장 중요한 점은 지난 40년 동안 대상 기업이 올린 과거의 영업 실적을 파악하는 일이 아니다. 기업이 앞으로도 계속 살 아남을 수 있을지를 판단할

객관적 기준을 찾고
그 기준을 적용해서 기업을 선택

하는 것이다.

앞으로 좋은 실적을 올릴 기업을 예측할 때 과거에 실적이 좋았던 기업을 데이터로 이용하면 예측하는 의미가 없다. 살아남은 기업을 사후에 조사해서 데이터를 모으는 방식은

생존자 편향에 치우친 방식이다.

실제로 콜린스가 선정한 성공한 기업 11곳 중 6곳은 2001년부터 2012년까지 주식 시장에서 평균을 밑도는 실적을 기록했다. 이는 사후에 실시하는 분석 방법에 기본적으로 오류가 있다는 점을 시사한다.

콜린스의 사례는 생존자 편향을 보여 주며, 이런 종류의 사례는 셀 수 없이 많다. 더 확실한 생존자 편향을 보여 준 사례로 작가 월터 아이작슨(Walter Isaacson)이 2011년에 출판해 베스트셀러가 된 스티브 잡스의 자서전이 있다. 책이 출간되자 천재 스티브 잡스를 성공으로 이끈 요인이 무엇인지 궁금했던 사람들이 서점으로 몰려들었다. 그런데 이들이 진정 바랐던 것은 무엇이었을까? 제2의 스티브 잡스, 제2의 애플이 되고 싶었던 걸까? 아니면 대학을 중퇴하고 친구들과 함께 부모님 집 차고에서 사업을 시작하고 싶었던 걸까?

스티브 잡스는 대학을 중퇴하고 친구들과 함께 부모님 집 차고에서 사업을 시작했다. 하지만 실제 스티브 잡스처럼 시작했다가 실패한 사람이 얼마나 될지 생각해 본 적 있는가? 알 수 없다. 누구도 실패한 사람이나 회사에 관해서는 책을 쓰지 않기 때문이다. 그래도 벤처기업 투자자들은 잡스에 이어 차고에서 대박 상품이 탄생할 확률에 관한 데이터를 가지고 있다.

미국에서 상위 1%의 부를 목표로 차고에서 사업을 시작한 사람은 대부분 다음과 같은 과정을 거친다. 우선 창업을 한 다음 자사주를

공개하거나(An Initial Public Offering: IPO) 다른 회사에서 자금을 투자받는다. 만약 실리콘밸리에 본인 소유의 차고가 있으면 입지 조건이 좋아서 15명 정도의 투자자 앞에서 프레젠테이션을 할 기회가 생길지도 모른다. 한편 투자자는 투자 한 건당 약 200건의 응모를 받아 창업가들의 프레젠테이션을 들어 보고 투자할지 말지를 결정한다.

벤처기업의 경우 13개 중 하나의 비율로 초기 투자를 받을 수 있지만, 투자를 받았다고 해서 끝은 아니다. 그 후에도 매우 험난한 시련을 버텨 내야 한다. 미국의 벤처캐피털협회(National Venture Capital Association)에 따르면 2013년에 투자받은 벤처기업은 총 1,334개였지만, 이 중 스스로 성장해 주식공개를 하거나 대기업에서 자금을 투자받아 주식공개를 한 기업은 전체의 13%에 그쳤다고 한다. 초기자금을 투자받는 행운을 누렸던 창업가 중에는 다시 초라한 차고로 돌아갈 수밖에 없었던 수백 명의 창업가도 있다는 사실을 명심하자.

7-6 생존자 편향 2: 부족한 데이터

이번에는

성공한 사람의 데이터만으로
타당한 결론을 도출할 수 있다고 믿는 오류

에 관한 사례를 살펴보자. 성공한 사람은 어떤 의미에서 '생존자'라고 할 수 있고, 따라서 그들의 사례는 생존자 편향을 보여 주는 사례로도 볼 수 있다. 구체적인 예로 대학 합격자를 들어 보자. 대학 입학 후 성적과 입학시험의 성적은 어떤 관계가 있을까?

나 역시 대학교수이다 보니 입학시험 성적과 입학 후 성적의 관계가 궁금하다. 입학시험은 완성된 자격을 검증하는 시험이라기보다는 입학 후 더 열심히 학업에 정진할 학생을 선발하기 위한 일종의 스크리닝 테스트다. 그래서 얼마나 노력했는지에 따라 성적 차이가 확연하게 벌어지는 과목인 영어의 배점 비중을 다른 과목보다 높여야 한다는 의견이 나오기도 한다. 그들은 '영어 점수가 높은 학생은 노력하는 유형이니 입학 후에도 열심히 학업에 정진할 것'이라고 생각한다.

하지만 실제로 입학시점의 성적과 입학 후 성적을 비교하는 일은 그렇게 간단하지 않다. 다음 분포표를 보자.

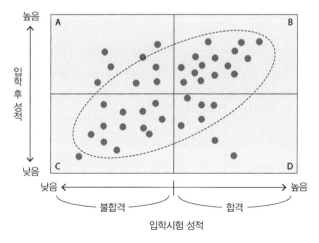

■ 입학시험 성적과 입학 후 성적의 관계

세로축은 대학 입학 후의 성적을 나타내며 위로 올라갈수록 성적이 높음을 의미한다. 가로축은 입학시험 성적이며 오른쪽으로 갈수록 높은 성적을 나타낸다. 또한 가운데를 기준으로 오른쪽이 합격이고, 왼쪽이 불합격이다.

이 데이터만 있으면 입학시험 성적과 입학 후 성적의 관계를 쉽게 파악할 수 있겠지만, 현실은 그렇지 않다. 그래프에 점으로 표시한 데이터는

실제로는 구할 수 없다.

우리가 구할 수 있는 데이터는 그래프의 오른쪽 부분, 즉 합격한 학생의 데이터뿐이다.

입학시험 결과를 바탕으로 입학 후의 성적을 예측하려면 다음 두 가지 비율을 비교해야 한다.

- '합격생 중에 입학 후 성적이 우수한 학생'이 합격생 전체에서 차지하는 비율=B/(B+D)
- '불합격생 중에 입학했다면 성적이 우수했을 학생'이 불합격생 전체에서 차지하는 비율=A/(A+C)

하지만 실제로 불합격생의 데이터 A와 C는 구할 수 없으니 나머지 데이터로 판단할 수밖에 없다. 이 판단이 타당하지 않다는 사실은 이 책에서 설명한 검토 과정을 거치면 쉽게 알 수 있다. 그런데 현실에서는 생존자(합격생, 성공한 사람)의 데이터만 있으면 부족하기는 해도 어느 정도 설득력이 생긴다.

이 설득력을 만드는 생각이 바로, 생존자 편향이다.

조심성 편향

7-7-1 자라 보고 놀란 가슴 솥뚜껑 보고 놀란다

2001년 9월 11일 미국에서 동시다발적 테러 사건(9.11 테러)이 발생했다. 사건 발생 직후 학회 출석차 미국 워싱턴 DC에 갔던 나는 학회장에서 묘한 광경을 보았다. 발표 예정이었던 일본인 대부분이 불참했고, 포스터 전시 구역에는 지도교수 혼자 멀뚱히 패널 앞에 앉아 있을 뿐 다른 발표자가 거의 없었다.

일본인의 불참이 특별히 눈에 띄었던 이유는 내가 아는 다른 일본인 발표자도 불참했고, 학회장을 돌아봤을 때 취소라는 표시가 붙어 있는 포스터의 발표자가 대부분 일본인이었기 때문이다. 여기까지가 내가 눈으로만 본 사실이다. 일본인 외에 다른 국적의 발표자 중 몇 명이 불참했는지 확인한 것도 아니고, 그저 학회에서 발표 예정이었던 일본인 대부분이 불참한 모습을 보았을 뿐이다.

그런데 이날부터 안 좋은 사건이 생기면 일본인들이 어떤 행동을 보일지가 신경 쓰이기 시작했다. 물론 테러는 무서운 일이다. 언제 어디서 일어날지 아무도 모른다. 하지만 개인적으로는 일본 사람들의 걱정이 조금 과하다는 생각도 들었다. 그리고 이때 얻은 나의 관찰 데이터는 2015년 파리 테러 사건 때 일본인이 보인 행동에 관한 기사를 통해 보완되었다.

2015년 11월 파리에서 발생한 대규모 테러 사건 이후 1년 동안 파리를 찾는 관광객이 6%나 감소했다는 기사였다. 영국 언론 매체 인디펜던트는 2017년에 루브르 박물관 관람객 수가 국내외 통틀어 20%나 감소했다고 전했다. 흥미로운 사실은 미국인 관람객은 감소하지 않았지만, 중국인은 31%, 러시아인은 47%, 그리고 일본인은 61%나 감소했다는 점이었다.

심리학자 요시노 도시히코(吉野俊彦) 교수는 파리 테러 사건 이후 루브르 박물관을 찾는 나라별 관람객 수 추이에 관해 다음과 같은 일본 속담을 인용해 지적했다.

'뜨거운 음식에 데어서 찬 음식에 입김을 분다' 뜨거운 국을 마시다가 입을 덴 일에 놀라서 차가운 음식까지 후후 불어 가며 식혀 먹는다는 뜻이다. 한국에도 비슷한 속담으로 '자라 보고 놀란 가슴 솥뚜껑 보고 놀란다'가 있다. 두 속담 모두 이전에 경험한 실패에 놀라서

지나치게 신중해진 태도

를 빗대어 표현한 것이다.

영어에도 비슷한 표현이 있다. 'A burnt child dreads the fire(화상을 입은 아이는 불을 무서워한다)' 한번 화상을 입은 아이는 불을 두려워하는 행동이 몸에 배어 버린다는 의미다. 다만 영어 표현은 단순히 불에 가까이 가지 못하는 행동만을 의미하지만, 일본과 한국의 속담은 부정적인 경험이 전혀 관련이 없는 다른 행동에도 영향을 미친다는 의미를 품고 있다. 그런 의미에서 보면 영어 표현은 조금 다르게 볼 수도 있지만, 이 부분은 일단 차치하기로 하자.

이 속담이 사람의 행동을 관찰해서 생겨났다면 지나치게 걱정하는 일본인의 행동에서 생겨난 말일 것이다. 조금 비판적으로 꼬집자면 뜨거운 국을 마시고 입을 데었다고 해서 차가운 음식까지 무서워하며 식혀 먹을 필요는 없다.

영어 표현에는 '차가운 음식까지 불어서 식힌다'라는 의미는 없지만, 만약 영어 표현도 영어권 사람들의 행동을 반영한 것이라고 한다면 또 다른 의미에서 흥미로운 이야기가 된다. 특히 추론 유형에 반영한다면 더욱 흥미로워질 것이다.

심리학자 제임스 딘스무어(James Dinsmoor, 1977)는

긍정적인 행동이 줄어들면

해당 행동에 대한 반응만 약해지는 것이 아니라

그 외에 다른 반응이 강화된다

고 주장했다. 다시 말해 파리에서 테러 사건이 발생하면 파리에 가지 않으려는 경향이 생길 뿐만 아니라 파리와 런던 중에서 고민하던 사람은 상대적으로 파리가 아니라 런던을 선택하는 경향이 강해진다. 이와 관련해 요시노 교수는 다음과 같이 경고했다.

"특정 현상이 만들어 내는 효과의 크기가 나라마다 다르고, 신중한 행동은 물론 중요하다. 하지만 신중함이 새로운 경험의 회피로 이어져서는 안 된다. 실제로 작용하지 않는 수반성 (contingency, 어떤 사건이 발생하면 이어서 특정 사건이 발생한다는 규칙-역주) 때문에 지나치게 행동을 억제할 필요는 없다."

인지 방식에 따른 논증의 오류

7-7-2 지워지지 않는 부정적인 경험

어떤 곳에서 협박 사건이 발생했다고 하자. 그 이후 같은 문제가 또 발생할 수도 있으니 경찰과 순찰대가 주변의 경비를 강화했고, 그 결과 해당 지역의 치안이 좋아졌다. 하지만 그래도 여전히 사람들은 그곳에 가기를 꺼릴 것이다. 이와 같은 행동을 낳는 생각을 조심성 편향이라고 부른다. 다만 '조심성 편향'이라는 용어는 내가 만든 개념이기 때문에 일반적인 이론에는 존재하지 않는다는 점을 밝혀 둔다. 조심성 편향이 만들어 내는 회피 행동도 우리의 생각과 논증 과정에서 한쪽으로 치우친 견해를 낳는다.

확증 편향은 자신이 믿는 쪽을 뒷받침하는 사실만 받아들이는 경향이다. 긍정적인 사례만 모으고 반증 사례에는 관심을 두지 않는다. 긍정적인 사례를 모아서 자신이 믿는 가설이 뒷받침되면 역시 내 생각이 옳았다며 더 강하게 믿어 버린다. 한편 조심성 편향은

최초 자료 수집에 실패하면

더는 같은 분야의 자료를 수집하지 않고

그 외에 다른 자료를 수집하는 태도

를 말한다. 결국 조심성 편향도 우리의 생각과 논증 과정에 확증 편향과 똑같은 영향을 미친다.

제8장

상관, 인과, 논증

우리의 생활은 '관계'라는 개념으로 이루어져 있다고 해도 과언이 아니다. 그래서 우리는 어떤 관계든 항상 관계성을 생각하며 살아가야 한다. 관계에는 다양한 종류가 있으며 똑같이 '관계'라는 단어로 표현하지만 문맥에 따라 의미가 달라지기도 한다. 그중에서도 상관관계와 인과관계는 특히 정확하게 구분해야 한다. 제8장에서는 상관관계와 인과관계의 구분에 관해 생각해 보자.

"그 사람은 비를 부른다니까요. 같이 골프를 치러 가면 열에 아홉 번은 비가 내려요. 맑은 하늘을 보고 싶다면 그 사람은 부르지 않는 게 좋을 겁니다" 가끔 이런 말을 들을 때가 있다. 하지만 정말 그 사람이 비를 부를 리도 없고, 그 사람 때문에 비가 내린다고 생각하는 사람도 없을 것이다. 즉, 그 사람과 비 사이에는 **인과관계**가 없다. 하지만 그 사람과 함께 골프를 치러 간 횟수와 비가 내린 날의 일수 사이를 따져 보면 **상관관계**는 있을 수도 있다.

그렇다면 골프장 하늘에 먹구름이 끼고 그 후에 비가 내렸다면 어떨까? 이 현상도 분명 먹구름 발생과 비 사이에 **상관관계**가 있다. 다만 같은 '상관관계'라는 단어를 사용했어도 앞에서 언급한 비를 부르는 사람의 경우와는 조금 다르다. 이때는 **먹구름이 원인이 되어 그 결과로 비가 내렸기 때문**에 먹구름과 비 사이에 **인과관계**도 있다. 먹구름과 비 사이에는 상관관계와 인과관계가 둘 다 성립한다.

상관관계가 있다고 해서 반드시

인과관계가 있지는 않지만

인과관계가 있을 때는 반드시 상관관계가 있다.

이 점이 상관관계와 인과관계를 구별하기 어렵게 만든다.

제8장에서는 오해하기 쉬운 상관관계와 인과관계에 대해 살펴보자.

우선 다음 그래프를 보자.

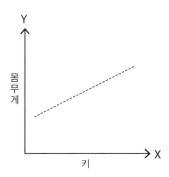

■ **키와 몸무게의 상관관계**

가로축에는 X가, 세로축에는 Y가 있고 둘 다 변수다. 변수는 값이 다양하게 변할 수 있는 수를 하나의 명칭이나 한 글자로 표현한 것을 가리킨다. 그래프에서 가로축의 X는 키를 의미하고, 세로축의 Y는 몸무게를 의미한다. 키와 몸무게처럼 다양한 값이 존재하는 수를 일반적으로 변수로 표시한다.

그래프에 그려진 정비례 직선을 보자. 이 직선은 키가 클수록 몸무게도 많이 나간다는 사실을 보여 준다. 이때 '몸무게가 많이 나갈수록 키가 크다'로 해석해도 상관없다. 둘 다 키와 몸무게라는 두 가지 변수 사이의 규칙적인 관계를 나타낸다. 이처럼 **두 가지 변수 사이의 규칙적인 관계**가 있을 때 '둘 사이에 상관이 있다' 또는 '둘은 상관관계에 있다'고 말한다.

또한 앞의 그래프처럼 두 가지 변수 사이의 상관관계가 직선으로 나타날 때는 상관계수를 이용해 상관관계의 강약을 계산할 수도 있다. 상관계수는 +1(완전한 양의 상관)에서 −1(완전한 음의 상관)까지 실수치로 나타내며, 개별 데이터가 오른쪽으로 갈수록 올라가는 완전한 직선일 때는 상관계수가 +1, 오른쪽으로 갈수록 내려가는 완전한 직선일 때는 상관계수가 −1이다. 상관계수가 양수일 때를 양의 상관이라고 하며, 음수일 때를 음의 상관이라고 한다. 양의 상관은 X값이 커질수록 Y값도 커지는 관계를 의미하고, 음의 상관은 X값이 커질수록 Y값은 작아지는 관계를 의미한다. 상관계수가 0일 때는 '무상관' 또는 '두 가지 변수는 독립적'이라고 말하며, 서로 관계가 없다(상관이 없다)는 의미를 표현한다.

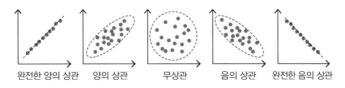

완전한 양의 상관   양의 상관   무상관   음의 상관   완전한 음의 상관

■ **다양한 상관관계**

상관계수를 정리해 보자.

- **+1** : 완전한 양의 상관. 우측으로 상승하는 완전한 직선
- **양수** : 양의 상관. X값이 커질수록 Y값도 커진다.
- **0** : 무상관. 상관이 없다.
- **음수** : 음의 상관. X값이 커질수록 Y값은 작아진다.
- **−1** : 완전한 음의 상관. 우측으로 하강하는 완전한 직선

상관과 인과의 구별

골프장에 낀 먹구름(변수 X)과 비(변수 Y) 사이의 인과관계는 '변수 X가 원인이고 변수 Y가 결과'라고 바꿔 말할 수 있다. 이때는 둘 사이에 상관관계도 있다. 하지만 이미 앞에서 변수 X와 변수 Y 사이에 상관관계가 있다고 해서 반드시 인과관계가 성립하는 것은 아니라는 설명도 했다. 상관관계만 성립하는 두 변수를 억지로 인과관계로 만들면 통계적으로도 논리적으로도 오류가 생긴다.

여기서는 변수 X와 변수 Y의 관계를 통해서 인과관계와 상관관계의 균형을 정리해 보자. 인과관계와 상관관계를 구분해서 정리하면 다음의 다섯 가지 유형으로 나눌 수 있다.

♣ (1) 변수 X가 원인이고 변수 Y가 결과인 경우

골프장에 낀 먹구름과 비 사이의 인과관계가 여기에 해당한다. 다만 먹구름의 발생은 눈으로 관찰하면 바로 알 수 있지만 먹구름이 원인이 되어 비가 내렸는지는 직감적으로 판단할 수 없다. 따라서 특정 변수 X가 원인이 되어 그 결과 변수 Y가 발생했다는 사실을 증명하려면 정확한 실험을 통한 확인이 필요하다.

■ X가 원인이고 Y가 결과

♣ (2) 역방향의 인과관계가 발생하는 경우

변수 Y가 원인이고 변수 X가 결과인 경우다. 예를 들어 '국채 발행이 GDP의 90%를 넘으면 경제 성장 속도가 둔화된다'라는 현상을 살펴보자. 이 현상에서는 '국채 발행(X)이 원인이 되어 그 결과 경제 성장(Y)이 둔화된다'라는 인과관계가 보인다. 하지만 실제로는 경제 성장(Y) 속도가 둔화되었기 때문에 국채 발행(X)이 늘어난다고 보는 쪽이 타당하다. 이처럼 때로는 원인과 결과를 반대로 생각하기도 한다.

■ Y가 원인이고 X가 결과

♣ (3) 상호 인과관계가 발생하는 경우

'변수 X가 원인이고 변수 Y가 결과'인 인과관계와 '변수 Y가 원인이고 변수 X가 결과'인 역방향 인과관계가 동시에 발생하는 경우다. 이와 관련해서는 육식동물인 사자와 초식동물인 톰슨가젤의 관계를 예로 들 수 있다. 우리는 일반적으로 육식동물의 개체 수(X)가 초식동물의 개체 수(Y)에 영향을 미친다고 생각하지만, 사실 초식동물의 개체 수도 육식동물의 개체 수에 영향을 미친다. 두 변수 사이에는 X가 늘어나면 Y가 줄어드는 현상과 동시에 Y가 줄어들면 X도 줄어드는 상호 인과관계가 성립한다.

제8장

- X는 원인인 동시에 결과도 된다(Y도 마찬가지)

♣ (4) 제삼의 변수 Z가 원인이 되고 변수 X 또는 Y가 결과가 되는 경우

때로는 제삼의 숨겨진 변수가 원인일 때도 있다. 다만 이런 경우는 알아내기가 쉽지 않다. 제삼의 변수 Z는 X, Y와는 다른 존재이면서 X 와 Y 둘 중 하나, 또는 둘 다와 깊게 연관된 변수이기 때문이다.

1990년 세계적인 학술지 『네이처(Nature)』에 전등을 켜고 자는 아이는 성인이 되었을 때 근시가 될 확률이 높다는 주장이 실렸다. 하지만 그 후에 진행된 연구에서는 이런 사실을 확인할 수 없었다. 후속 연구에서 밝혀진 사실은 부모가 근시이면 아이도 근시가 될 확률이 높다는 연관성이었다. 근시인 부모는 잘 때 아이의 방에 전등을 켜 두는 경향이 있었던 것이다.

이 사례에는 부모의 근시가 제삼의 변수로 숨어 있었다.

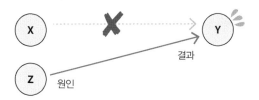

- 제삼의 변수 Z가 원인이고 Y가 결과

♣ (5) 변수 X와 변수 Y의 관계가 단순히 우연인 경우

두 가지 변수가 전혀 관계가 없는데도 우연히 상관관계가 생길 때가 있다. 예를 들어 1999년부터 2000년까지 미국이 과학, 우주, 기술 개발 분야에 투자한 자금과 같은 기간에 발생한 질식, 교살, 목맴에 의한 자살자 수 사이의 상관계수가 0.99였던 일이 있었다. 하지만 둘 사이에는 아무런 관계가 없다.

또 한 가지 유명한 사례로 미국의 정치 자금과 스포츠 신기록 수의 상관관계도 있다. 이 사례는 대통령 선거와 올림픽 개최 연도가 일치하는 우연에서 비롯됐다. 대통령 선거가 있는 해에는 거액의 정치 자금이 움직이고, 올림픽이 가까워지면 선수들은 의욕이 상승해 평소보다 신기록 달성률이 올라간다.

■ X와 Y 사이에 인과관계가 없다

8-4 허위상관

상관관계에서 특히 주의해야 하는 유형으로 허위상관(spurious correlation)이 있다. 다음과 같은 예가 허위상관에 해당한다.

한 임상의가 1,549명을 대상으로 신경증으로 인한 신체적 증상은 환자의 성별, 나이, 사회적 지위에 따라 다르다는 가설을 검증하는 조사를 했다. 조사를 통해 성별과 나이는 확실히 신경증으로 인한 신체적 증상과 관계가 있지만, 사회적 지위는 독립적이라는 사실이 밝혀졌다. 그전까지는 대부분 신경증으로 인한 신체적 증상이 사회적 지위와 관련이 있다고 생각했었다.

하지만 새로운 조사로 다음의 두 가지 사항이 명확하게 밝혀졌다.

- 나이와 교육 사이의 상관계수는 −0.41
- 성별과 교육 사이의 상관계수는 −0.22

교육은 사회적 지위를 반영해 설정한 변수로, 편의상 이 변수가 '사회적 지위'라고 생각하면 된다.

이 결과는 무엇을 의미할까? 우선 성별과 사회적 지위는 그다지 상관이 없다는 점을 알 수 있다. 반면 나이와 사회적 지위는 어느 정도 관계가 있다. 과거에 신경증으로 인한 신체적 증상과 사회적 지위 사이에 상관관계가 있다고 생각했던 이유는 신경증으로 인한 신체적 증상과 나이 사이에 상관관계가 있었기 때문이었다.

이처럼 언뜻 상관이 있는 것처럼 보이는 관계를 허위상관이라고 한다.

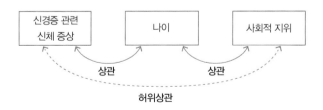

■ 허위상관

또한 신경증으로 인한 신체적 증상을 심리적 요인으로 인해 나타나는 신체 질환인 '심신증'으로 생각했던 이유는 사회적 지위와 관계가 있다는 사실도 밝혀졌다. 상대적으로 사회적 지위가 높은 사람들은 자신의 증상을 심리적으로 해석하려는 경향이 강하다는 통계적 결과가 나왔다(Beckmann et al., 1977).

8-5 인과를 조장하는 말

내가 근무하는 대학교 근처에는 여기저기에 입시학원 광고가 붙어 있다. 광고 내용은 전부 똑같다. '우리 ○○학원 출신은 90%가 △△대학에 합격했다' 마치 '이 ○○차를 마신 사람은 90%가 혈압이 떨어졌습니다'라는 광고 같다. 두 광고의 특징은 매우 높은 비율을 제시했다는 점이다. 정말 가능한 수치일까? 만약 사실이라면 수험생들은 모두 그 입시학원에 다닐 것이고, 고혈압인 사람은 모두 그 차를 마실 것이다.

이런 광고문구를 믿어도 괜찮을지 확인하고 싶다면 7-2에서 소개한 길로비치의 2×2 분할표가 도움이 된다. 2×2 분할표는 다양한 상황에서 활용할 수 있는 유용한 도구로 7-2에서는 입양과 임신의 상관관계를 검증했었다.

여기서는 입시학원의 광고문구에 적용해서 생각해 보자. 우선 편의상 입시학원 출신자가 100명이라고 가정하자.

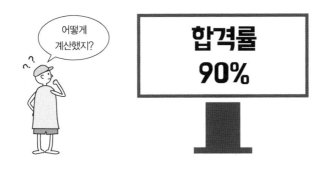

그중에 90%가 합격했으니 합격자는 90명이다. 한편 입시학원에 다니지 않고 공부한 학생 100명을 조사해 보니 똑같이 합격자가 90명이었다고 하자. 이 상황을 그림으로 나타내면 다음과 같다.

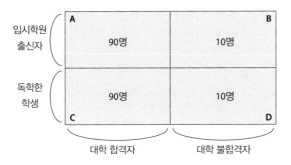

■ '입시학원 출신자와 독학한 학생', '대학 합격자와 불합격자'로 나눈다

입시학원에 다니는지와 상관없이 대학 합격률이 똑같이 90%라면 입시학원이 효과가 없다는 결론을 내릴 수 있다. 따라서 입시학원이 설득력 있는 광고를 하고 싶다면

> 독학한 학생이나 다른 입시학원에 다니는 학생의 데이터도
> 충분히 모아서 비교해야 한다.

소비자 측에서 보면

> 입시학원 출신자만으로 구성된 불충분한 데이터를 바탕으로 하는
> 광고는 의심스러울 수밖에 없다.

즉, 데이터 수집이 한쪽으로 편중될 수 있으니 2×2 분할표의 일부 영역에서만 결론을 도출하지 않도록 주의해야 한다. 항상 네 군데 영역 모두를 살피고 판단을 내려야 하며, 일회성 데이터를 배제한다. 핵심은

> 무조건 '퍼센트가 높으면 유효한 결과'라고 해석하지 않는 자세다.

8-6 인과관계의 실증

지금까지 제8장에서 설명했듯이 상관관계와 인과관계는 다른 개념이다. 그렇다면 특정 관계를 두고 상관관계인지 인과관계인지를 결정할 때는 무엇을 고려해야 할까? 사실 특정 현상의 인과관계를 확인하는 일은 해당 현상을 과학적으로 설명하기 위한 바탕을 마련하는 일이다. 따라서 전문 연구원에게도 결코 쉬운 문제가 아니다.

그래서 이번에는 인과관계가 성립하기 위한 원칙에 관해 간단하게 짚어 보려고 한다. 참고로 이와 관련해 더 자세한 내용이 궁금하다면 이 책 마지막에 첨부된 참고문헌을 확인하기 바란다.

영국의 철학자 존 스튜어트 밀(John Stuart Mill)은 인과관계를 결정하는 원칙으로 다음의 세 가지를 제시했다.

① 원인이 결과보다 시간상 앞(과거)에 일어나야 한다.
② 원인과 결과가 연관된 일이어야 한다.
③ 다른 인과적 설명을 모두 배제해야 한다.

①은 당연한 말이다. 애초에 원인과 결과의 정의 자체가 그렇다. ②는 원인이 없으면 결과가 일어나지 않는다고 생각하면 이해하기 쉬울 것이다. ③은 해당 결과가 발생할 수 있는 다른 원인이 없어야 한다는 의미다. 인과관계가 성립하는 추론이 매우 강력한 설득력을 갖는 이유는 ③번 원칙에 따라 다른 추론을 전부 배제하기 때문이다.

COLUMN

존 스튜어트 밀

19세기 영국의 철학자 존 스튜어트 밀은 철학만이 아니라 정치학, 경제학, 윤리학까지 다방면에 걸쳐 많은 업적을 남겼다.

예컨대 논리학과 관련해서도 『논리학 체계(A System of Logic, Ratiocinative and Inductive)』라는 저서를 남겼다. 그는 이 책에서 귀납의 다섯 가지 원리를 일치법, 차이법, 공변법, 일치 차이 병용법, 잉여법으로 정의하고 '밀의 방법'이라고 이름 붙였다. 밀은 이 다섯 가지 방법으로 인과관계를 명확히 밝히고자 했다. 이 책을 읽고 인과관계에 관심이 생겼다면 한 번쯤 밀의 방법에 대해 찾아보기 바란다.

논리적으로 생각하기

논리란 무엇일까? 논리적인 사고란 어떻게 하는 걸까? 연역과 귀납은 무엇이 다를까? 또한 논리적 오류와 인지적 편향이란 무엇일까? 이 질문들의 답은 심도 있는 논의를 할 때만이 아니라 우리의 일상생활에서도 매우 유용하고 중요하다. 여기에 더해 상관과 인과의 차이도 알아 두자. 또한 논증의 바탕이 되는 근거 데이터가 한쪽으로 치우치지 않았는지도 꼼꼼히 확인해야 한다. 알아 두면 이만큼 유용한 지식도 없다.

이 지식은 주어진 문제의 답을 생각하거나 해결책을 고민할 때 도움이 되는 유용한 생각의 도구이며, 비즈니스 분야나 연구 분야, 또는 윤리 분야에서도 매우 효과적으로 활용할 수 있다.

다만 생각의 나래를 펼치기 전에 먼저 명심해야 할 사항이 있다.

하나는

현재 자신이 직면한 문제가 애초에
해결해야 하는 문제가 맞는가

다. '좋은 문제인지, 나쁜 문제인지'로 바꿔서 생각해도 좋다. 애당초 해당 문제가 전제와 가정에 오류가 있어서 질문 자체가 유효하지 않은 허구적 문제라면 머리를 싸매며 고민할 가치가 없다. 또한 고민할 가치가 있는 문제를 만났더라도 비판 없이 무조건 해결책 찾기에 급

급해서는 안 된다. 문제 자체를 꼼꼼히 들여다보면 때로는 답을 구할 필요가 없는 문제일 때도 있다.

그리고 다른 하나는

논리적인 사고로 무조건 문제를 파고든다고 해서
해결되지는 않는다

는 점이다. 모든 문제를 무조건 논리적·비판적으로 처리하려고 들면 오히려 상황이 더 나빠질 수도 있다.

일단 문제에 직면하면 시야를 넓혀 멀리 보고, 논리적으로 파고들어야 할지 말지를 판단해야 한다. 논리적으로 접근해야 한다는 판단이 섰다면 그다음에는 어느 정도의 논리성이 있어야 해결할 수 있을지를 생각한다. 5-5에서 직감부터 고난도의 연역적 논증까지 모두를 포괄하는 귀납·연역 논증 연속체에 관해 설명했다. 이 연속체의 어느 위치에 있는 논리를 적용해야 좋을지를 판단한다.

논리적 사고를 하려면 우선

마음의 여유

가 필요하다. 여유를 가지고 먼저 귀납·연역 논증 연속체부터 이해해야 한다. 이 부분을 이해해야 여유가 생기고 논리적 사고를 할 수 있다.

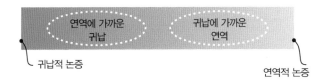

■ 귀납·연역 논증 연속체

참고문헌

Beckmann, D., Brähler, E., & Braun, P., "Pseudo-correlation between neurotic somatic diseases and social class", 『Z Psychosom Med Psychoanal』 Jul-Sep, 23(3), pp. 251-261, 1977

Dinsmoor, J. A., 『Escape, avoidance, punishment: where do we stand?』 JEAB, 28, pp. 83-95, 1977

Independent, "Louvre blames 2milliondrop in visitors on terrorism fears" http://www.independent.co.uk/arts-entertainment/films/news/louve-paris-art-galleryterrorism-fears-2-million-visitor-numbers-2016-a7516126.html, 2017

Ohshima, Alice & Hogue, Ann, 『Writing Academic English』, Longman, 1991

Peirce, C. S., Element of Logic, Collec ted papers of Charles Sanders Peirce, Vol. 5 Belknap Press of Harvard University Press [邦訳 C. S. パース: 「論文集」, 『世界の名著 48 パース, ジェイムズ, デューイ』(中央公論社 1968)], 1960

Schermer, Michael, "How the survivor bias distorts reality" https://www.scientificamerican.com/article/howthe-survivor-bias-distortsreality/, 2014

Wason, P. C., Reasoning. In Foss, B. M. (Ed.), 『New Horizons in Psychology』, Marmondworth, England: Penguin, 1966

赤川元昭, 『アブダクションの論理』「流通科学大学論集 流通・経営編」第24巻 第1号, pp. 115-130, 2011

伊勢田哲治, 『疑似科学と科学の哲学』, 名古屋大学出版会, 2003

伊勢田哲治, 『哲学思考トレーニング』, ちくま書房, 2005

川北稔, 『世界システム論講義 ヨーロッパと近代世界』, 筑摩書房, 2016

苅谷剛彦, 『知的複眼思考法』, 講談社, 1996

ガザニガ, マイケル・S., 『脳のなかの倫理 脳倫理学序説』, 紀伊国屋書店, 2006

ギロヴィッチ, トーマス,『人間この信じやすきもの』, 守一雄・守秀子訳, 新曜社, 1993

小林正弥,『サンデルの政治哲学』, 平凡社, 2010

酒井智宏,『トートロジーの意味を構築する』, くろしお出版, 2012

酒井智宏,『認知言語学大辞典』, 朝倉書店, 2017

高野陽太郎・岡隆編,『心理学研究法』, 有斐閣, 2004

高野陽太郎,『認知心理学』, 放送大学教育振興会, 2013

トウールミン, スティーブン,『議論の技法』戸田山和久・福澤一吉訳, 東京図書, 2011

戸田山和久,『科学哲学の冒険』, NHKブックス, 2004

戸田山和久,『「科学哲学思考」のレッスン』, NHK新書, 2011

戸田山和久,『論文の教室』, NHKブックス, 2012

野矢茂樹,『入門 論理学』, 中公新書, 2006

野矢茂樹,『論理トレーニング』, 産業図書, 1997

野矢茂樹,『論理哲学論考を読む』, 哲学書房, 2002

ハマトン, P. G.,『知的人間関係』渡部昇一・下谷和幸訳, 講談社学芸文庫 (原著は 1884), 1993

ハンソン, N. R.,『科学的発見のパターン』, 村上陽一郎訳, 講談社学術文庫, 1958

福澤一吉,『議論のレッスン』, NHK生活人新書, 2002

福澤一吉,『論理表現のレッスン』, NHK生活人新書, 2005

福澤一吉,『議論のルール』, NHKブックス, 2010

福澤一吉,『クリティカル・リーディング』, NHK新書, 2012

福澤一吉,「『論理的に話す』とはどういうことか Part 1『論理的思考』という表現の誤解を解く」『看護教育』第57巻 第7号, 医学書院, 2016

三浦俊彦,『論理学入門』, NHKブックス, 2000

三浦俊彦,『論理学がわかる事典』, 日本実業出版社, 2004

吉田徹,「ポピュリズムを考える」『Voters』36号, pp. 3-5, 2017

吉野俊彦,「シチリア旅行記またはローロッパ行動分析学会のススメ」『日本行動分析学会ニューズレター』冬号 No. 85, 2017

ライル, ギルバート,『心の概念』坂本百大・井上治子・服部裕幸訳, みすず書房, 1987

하루 한 권, 논리적 사고

초판 인쇄 2023년 07월 31일
초판 발행 2023년 07월 31일

지은이 후쿠자와 가즈요시
옮긴이 이은혜
발행인 채종준

출판총괄 박능원
국제업무 채보라
책임편집 권새롬 · 박나리
마케팅 문선영 · 전예리
전자책 정담자리

브랜드 드루
주소 경기도 파주시 회동길 230 (문발동)
투고문의 ksibook13@kstudy.com

발행처 한국학술정보(주)
출판신고 2003년 9월 25일 제406−2003−000012호
인쇄 북토리

ISBN 979−11−6983−572−5 04400
　　　 979−11−6983−178−9 (세트)

드루는 한국학술정보(주)의 지식 · 교양도서 출판 브랜드입니다.
세상의 모든 지식을 두루두루 모아 독자에게 내보인다는 뜻을 담았습니다.
지적인 호기심을 해결하고 생각에 깊이를 더할 수 있도록, 보다 가치 있는 책을 만들고자 합니다.